Coq/ SSReflect/ MathComp による 定理証明

フリーソフトではじめる数学の形式化

萩原 学／アフェルト・レナルド [共著]
Manabu Hagiwara / Reynald Affeldt

森北出版

● 本書のサポート情報を当社 Web サイトに掲載する場合があります．下記の URL にアクセスし，サポートの案内をご覧ください．

http://www.morikita.co.jp/support/

● 本書の内容に関するご質問は，森北出版 出版部「(書名を明記)」係宛に書面にて，もしくは下記の e-mail アドレスまでお願いします．なお，電話でのご質問には応じかねますので，あらかじめご了承ください．

editor@morikita.co.jp

● 本書により得られた情報の使用から生じるいかなる損害についても，当社および本書の著者は責任を負わないものとします．

■ 本書に記載している製品名，商標および登録商標は，各権利者に帰属します．

■ 本書を無断で複写複製（電子化を含む）することは，著作権法上での例外を除き，禁じられています．複写される場合は，そのつど事前に（社）出版者著作権管理機構（電話 03-3513-6969，FAX 03-3513-6979，e-mail：info@jcopy.or.jp）の許諾を得てください．また本書を代行業者等の第三者に依頼してスキャンやデジタル化することは，たとえ個人や家庭内での利用であっても一切認められておりません．

まえがき

　本書は，数学と計算機の新しい関係である「形式化」と，そのツールの入門書です．計算機で数学を扱うと言えば，数値計算をしたり，グラフを描画したり，多項式の展開や因数分解をしたり，といったイメージをもつ方が多いのではないでしょうか．筆者自身，少し前まではそう思っていましたが，形式化を知って驚きました．形式化では，数学の証明を扱うことができるのです．たとえば，証明が正しいことを保証したり，論理的に飛躍があることを指摘したりできるのです．

　少し前に，ケプラー予想とよばれる数学の問題の解法が数学者ヘイルズによって発表されました．その証明は極めて難解で，証明の検証が滞っていました．しかし，形式化を用いることで，証明の正しいことが保証され，予想は肯定的に解決されました．この予想が出されたのが1611年ですから，約400年未解決だった問題が，形式化によって解決したのです．

　形式化は，定理証明支援系とよばれるソフトウェアを使うことで，誰でも体験できます．さらに，定理証明支援系の著名なものはいずれもフリーソフト（無料で利用できるソフトウェア）として提供されていて，インターネットを通じて入手可能です．

　ところが，定理証明支援系の使い方が書かれたドキュメントが英語や仏語で書かれていたり，計算機や論理学に関する高度な知識が仮定されていたりして，気軽に始めるのが難しい状況にあると筆者は感じていました．

　そこで，本書では，定理証明支援系のうち最もユーザが多いと言われるCoq/SSReflect/MathCompの使い方を，計算機に詳しくなくても読み進められるように解説しました．大学1年生（数学科）の集合論（集合と写像）と代数学（群論の基礎）の知識があれば十分です．

　形式化のスキルや知識が身につけば，証明を考える力や正しい論理・間違った論理を判断する力が得られると期待できます．そのメリットは数学にとどまりません．日常生活で役立つ論理的思考を培うことにもつながりますし，第1章で触れるように，ソフトウェアのバグの有無を調べることも可能になります．

　繰り返しになりますが，本書はCoq/SSReflect/MathCompによる形式化の「入

門書」です．専門家にはもの足りないと感じられるかもしれません．本書はあくまで初学者を対象とし，計算機に慣れていなくても読めるように，計算機への入力・出力も逐一示しています．理論や歴史などの背景的な話は第 1 章でのみ述べていて，ほとんどの内容を Coq/SSReflect/MathComp の動作や機能等の解説・紹介に充てています．読者がパソコンを開き，実際に手を動かしながら読み進めることを想定しています．体験していくうちに自然と様々な方法が覚えられ，本書の内容を超えて，読者の興味のある数学を形式化できるようになると思います．

それでは，形式化を楽しみましょう．

2018 年 2 月

著 者

目 次

第1章 Coq/SSReflect/MathComp とは　　1

1.1 はじめに　　2
1.2 型理論とカリーーハワード同型対応　　7
1.3 Coq/SSReflect/MathComp のインストール・設定・環境（Microsoft Windows 上バイナリ版）　　15
1.4 Coq/SSReflect/MathComp のライブラリ　　19

第2章 使ってみよう　　25

2.1 画面の構成要素　　26
2.2 モーダスポネンスの形式化　　27
2.3 ヒルベルトの公理Sの形式化　　33
2.4 自然数と和の形式化　　40
2.5 論理式の形式化　　52

第3章 命令　　67

3.1 タクティク，タクティカル，コマンド，クエリー　　68
3.2 タクティク move=>, move:, move: =>, move/　　69
3.3 タクティク apply, apply=>, apply:, apply: =>, apply/　　71
3.4 タクティク case, case:, case=>, case: =>, case=> [|], case/　　74
3.5 タクティク elim, elim:, elim=>, elim: =>, elim=> [|]　　79
3.6 タクティク rewrite　　82
3.7 ビュー機能：タクティク move/, apply/, case/　　87
3.8 タクティク have, suff, wlog　　97
3.9 コマンド Definition, Lemma, Theorem, Corollary, Fact, Proposition, Remark, Proof, Qed, Fixpoint　　100
3.10 クエリー Compute —— 計算結果を表示する　　102
3.11 クエリー Check, About, Print, Search, Locate　　103
3.12 コマンド Abort, Admitted　　113
3.13 スクリプトの管理と整理 —— コマンド Variable(s), Hypothesis, Axiom　　114
3.14 コマンド Inductive　　117

3.15 コマンド Record, Canonical ……… 118
3.16 Coq のタクティク split, left, right, exists ……… 122

第4章　MathComp ライブラリの基本ファイル　125

4.1 ssrbool.v —— bool 型のためのライブラリ ……… 126
4.2 eqtype.v —— eqType 型のためのライブラリ ……… 131
4.3 ssrnat.v —— SSReflect 向け nat 型のライブラリ ……… 134
4.4 seq.v —— リスト，seq 型のライブラリ ……… 138
4.5 fintype.v —— 有限型のライブラリ ……… 146
4.6 bigop.v —— 総和，総乗等のライブラリ ……… 150

第5章　集合の形式化　157

5.1 集合，部分集合 ……… 158
5.2 包含関係と等号 ……… 159
5.3 集合上の演算 ……… 161
5.4 集合間の写像 ……… 163
5.5 fintype を用いた有限集合の形式化 ……… 166
5.6 ライブラリ finset ……… 169

第6章　代数学の形式化　173

6.1 テーマ 1：整数がその加法で可換群になること ……… 174
6.2 テーマ 2：有限群とラグランジュの定理 ……… 182

第7章　確率論と情報理論の形式化　195

7.1 確率論と情報理論のライブラリ Infotheo のインストール ……… 196
7.2 確率論 —— 分布，期待値，分散 ……… 197
7.3 情報理論 —— 情報エントロピー，二元エントロピー関数 ……… 202
7.4 おまけ：自作ファイルのコンパイル ……… 204

あとがき ……… 207
索　引 ……… 210

1

Coq/SSReflect/MathComp とは

　本章では，形式化のツールである Coq，SSReflect，MathComp とは何か，何ができるか，どのように開発されてきたかなどを早足に見ていきます．初めて形式化に触れる読者にとっては，本書を読み進める動機づけや目標づくりの参考になるでしょう．また，Coq/SSReflect/MathComp のインストール手順を解説します．

1.1 はじめに

本書は **Coq/SSReflect**[1]**/MathComp** による数学の**形式化**の入門書です．想定している読者は「数学の証明をしっかり身につけたい人」，「大学 1 年生程度の数学（集合論，代数学など）を学んだことのある人」など，数学と証明に興味のある方々です．Coq, SSReflect, MathComp に関する予備知識は必要ありません．むしろ，それらの言葉を聞いたことのなかった読者を歓迎します．本書を通じて Coq/SSReflect/MathComp の基本的な使い方を習得すれば，数学の証明を厳密に書く力が向上するでしょう．あくまで数学の形式化を目的としているため，Coq/SSReflect/MathComp 自体の原理は深く解説しません．

本節では Coq/SSReflect/MathComp とは何か，それらを使って何ができるか，はたまたどんなことができそうか，といったことを例を挙げながら述べていきます．

■ 定理証明支援系と形式化

SSReflect とは，**証明言語**とよばれるコンピュータ（計算機）上の言語です．数学の定理・補題・言明[2]・証明を記述できます．SSReflect で書かれた定理・補題・言明・証明の正しさをチェック（**検証**）するソフトウェアが **Coq** です．そのようなソフトウェアは**定理証明支援器**とか**定理証明支援系**とよばれます．定理証明支援系は検証だけでなく，定理証明を支援する便利な機能をもちます．たとえば，定理証明支援系を利用して証明したことのある補題を一覧表示・検索する機能，証明の途中で残っているサブゴールを明示する機能などです．図 1.1 に，Coq による証明検証中のサブゴールの遷移イメージを書きました．左のサブゴールに対してタクティクとよばれる命令（ここでは move=> A B C. のこと）を伝えると，右のサブゴールへと遷移する

```
ゴールエリア（前）              タクティク           ゴールエリア（後）
                                                A, B, C : Prop
--------------------        move=> A B C.      --------------------
forall A B C : Prop,                            (A -> B) /\ (B -> C)
 (A -> B) /\ (B -> C)                           -> (A -> C)
 -> (A -> C)
```

図 1.1 「move=> A B C」によるゴールエリアの遷移

[1] Ssreflect と表記することもあります．本書では名前の由来である Small Scale Reflection を意識して SSReflect という表記を採用しています．
[2] 本書における命題，定理，補題，言明の意味をまとめておきます．命題とは論理的に真か偽のどちらか一方が定まる主張のことです．とくに，真であるものを定理，補題とよびます．言明とは，命題の主張を表す文章や記号の列です．数学書では，命題を「定理と補題」のような意味で用いる場合がありますが，本書ではそうでないことに注意してください．

表 1.1 SSReflect による三段論法の証明

日常の言語で書いた証明	SSReflect で書いた証明
言明は「任意の命題 A, B, C に対して，$(A$ ならば $B)$ かつ $(B$ ならば $C)$ ならば $(A$ ならば $C)$ が従う」	`forall A B C : Prop,` `(A -> B) /\ (B -> C) -> (A -> C).`
証明）	`Proof.`
命題 A, B, C を固定する．	`move=> A B C.`
「$(A$ ならば $B)$ かつ $(B$ ならば $C)$ ならば」を「$(A$ ならば $B)$ ならば $(B$ ならば $C)$ ならば」とみなす．	`case.`
「A ならば B」が真であると仮定しているので，その証明を Hyp1 と名づける．	`move=> Hyp1.`
「B ならば C」が真であると仮定しているので，その証明を Hyp2 と名づける．	`move=> Hyp2.`
「A ならば C」の A が真であると仮定しているので，その証明を Hyp3 と名づける．	`move=> Hyp3.`
証明すべきことは「C が真である」ことであるが，証明 Hyp2 を適用すれば，「B が真である」を示せば十分である．	`apply: Hyp2.`
証明すべきことは「B が真である」ことであるが，証明 Hyp1 を適用すれば，「A が真である」を示せば十分である．	`apply: Hyp1.`
証明すべきことは「A が真である」ことであるが，証明 Hyp3 があるから，自明である．	`by [].`
証明終了．	`Qed.`

様子を表しています．

　SSReflect による三段論法の証明を例示します．表 1.1 をご覧ください．言明とその証明を「私たち人間の日常の言葉（ここでは日本語）」と「証明言語 SSReflect」のそれぞれで記述しました．左右それぞれが対応しています．SSReflect の証明を初めて見た方は，何が書いてあるのかさっぱりわからないかもしれません．ところが，慣れてくると，左側に書かれた日常言語による証明との対応が読み取れるようになります．

　このように，人間の日常言語と証明言語は文法も単語も異なります．そこで数学の教科書に書かれた定義や証明を，定理証明支援系向けに変換する作業が発生します．その作業を**形式化**とよびます．

　形式化は現代の数学や計算機科学に大きなインパクトを与えています．その一つの理由として，「人間には正しいかどうかチェックするのが難しい定理の証明であって

も，定理証明支援系を用いれば検証できる」ことが挙げられます．

　証明のチェックが難しい定理の代表例として**四色定理**が挙げられます．いかなる地図も隣接する領域の色が異なるよう色を塗るには，4種類の色があれば十分という定理です．1852年に予想されましたが，証明されたのは1976年でした．この証明の一部には，複雑な場合分けを計算機で行う手順が含まれていました．複雑さに加えて計算機を使うことの珍しさから，証明の検証が必要だと考えられました．そこで，ゴンティエ[1]は定理証明支援系 Coq を用いて四色定理の形式化を2000年に開始し，2004年に完成させました．そのようにして四色定理は正しいことが検証されたのですが，実のところ，SSReflect は四色定理の形式化を簡便にするツールとして開発された言語なのです．

　もう一つ，チェックの難しい証明の例を挙げます．群論の**ファイトートンプソンの定理（奇数位数定理）**の証明です．これは，書籍に換算すると数百ページに及ぶ長大な証明です．証明の長さに加え，高度な専門知識，数十ページにわたる背理法を用いるなどの理由から，プロの数学者でも証明すべての検証は困難と言われています．しかし，2012年9月，ゴンティエ率いるフランスの国立情報学自動制御研究所（INRIA）とフランスのマイクロソフトリサーチの合同研究チームがこの定理の証明を形式化し，Coq/SSReflect で完全にチェックしました．すべての証明を記述するまでにかかった労力は，15人がかりで7年と言われています．ちなみに，**MathComp** ライブラリはファイト–トンプソンの定理を形式化する際に必要となった補題の形式化をまとめたものです．

　現在でも，形式化の研究は世界中で盛んに行われています．Coq や SSReflect などのツールの開発だけでなく，その基礎となる数学の研究も注目されています．とくに注目されているのが**ホモトピー型理論**です．数学で最も権威があることで知られるフィールズ賞を受賞したボエボドスキー[2]が考案したもので，トポロジーと形式化を結びつける理論です．この研究が発展すれば，将来的には複雑な証明を簡便に記述できるようになると期待されています．

　Coq, SSReflect は世界の科学界から高い評価を受けています．Coq は世界最大の計算科学系の学会である ACM（Association for Computing Machinery）から，2013年に ACM ソフトウェアシステム賞と ACM SIGPLAN プログラミング言語ソフトウェア賞を受賞しています．SSReflect を開発したゴンティエは，2011年に EADS 基金グランドプライズを受賞しています[3]．

---

[1] ジョルジュ・ゴンティエ（Georges Gonthier, 1962〜）：カナダのコンピュータサイエンティスト
[2] ウラジーミル・ボエボドスキー（Vladimir Voevodsky, 1966〜2017）：ロシアの数学者
[3] EADS は会社名で，現在のエアバス・グループ社です．

定理証明支援系を利用し，正しさを保証したい動機を二つ挙げます．

- **大規模で複雑な定理の検証：** 数学の証明は，ときに，非常に規模が大きくなったり，複雑になったりすることがあります．人間が正しさを保証することが困難なほどの規模です．

    四色定理やファイト–トンプソンの定理のほかにも，こんな実例があります．1611 年，ケプラー◆1 はある予想を立てました．「無限の空間において同半径の球を敷き詰めたとき，最密な充填方法は面心立方格子である」というものです．この言明はヒルベルトの第 18 問題として選定され，**ケプラー予想**とよばれていました．ケプラー予想は長らく未解決だったものの，米国のトーマス・ヘイルズ◆2 によって 1998 年に解決されました．ヘイルズはその証明を数学の有名な学術雑誌に投稿しました．しかし，複数の査読者が 4 年以上かけて証明のチェックを試みましたが，正しさを保証できませんでした．証明が大変長く，複雑だったからです．結果的に，その論文は 2005 年に出版されましたが，証明の完全なチェックはなされないままでした．それを受け，ヘイルズは Flyspeck プロジェクト（Formal Proof of Kepler Conjecture プロジェクト）とよばれる形式化のプロジェクトを開始しました．彼の証明を定理証明支援系でチェックするプロジェクトです．2003 年に始まったこのプロジェクトは 2014 年に完成しました．一つの定理を形式化するのに，12 年もの歳月がかかったのです．はたして定理証明支援系の力を借りて証明の正しさが完全にチェックされ，400 年の問題に幕が下ろされました．

- **安全なソフトウェアの開発：** 私たちの社会を支えている IT（情報技術）システムの安全性は日を追うごとに重要となっています．ソフトウェアにバグが潜んでいた場合，たとえそのバグが小さなものであっても，それを悪用したサイバー攻撃が行われて甚大な被害につながる恐れがあります．ですから，バグを防ぐ開発方法が望まれます．もし，ソフトウェアが正しい動作しかしないことを証明できれば，バグがないことをはじめから保証できることになります．実はこういうことにも，定理証明支援系を利用できます．実際，C 言語コンパイラ CompCert，オペレーティングシステム seL4 は，定理証明支援系を利用して開発されてきました．これらのソフトウェアは高く信頼されています．

◆1 ヨハネス・ケプラー（Johannes Kepler, 1571〜1630）：ドイツの天文学者
◆2 トーマス・ヘイルズ（Thomas Hales, 1958〜）：アメリカの数学者

■ 定理証明支援系のもたらす可能性

ここまで，Coq/SSReflect/MathComp をとりまく現状を述べました．では，将来的にどんなことが起こるでしょうか．期待を含めていくつかの予想を述べていきます．

- **大規模証明時代の必須ツール：** 数学の定理の多くは，論文や本などに証明が書かれています．それは，そうした定理の証明のサイズがそれほど大きくないことを意味します．しかし，先述のように定理によっては大規模な証明が必要なときもあります．たとえば，有限単純群の分類定理の証明は紙面で数千ページを超えると言われています．また，四色定理の証明は数百パターンの場合分けが必要とされています．現在，そのような定理はごく僅かです．しかし将来的に，そのような定理が数多く登場すると考えるのは不自然ではありません．大規模な証明のチェックは人間には時間的に不可能です．そうしたとき，定理証明支援系が役立つと考えられます．今後，定理証明支援系や形式化が普及すれば，そのような定理の出現が加速するかもしれません．さらに，大規模な証明を複雑に組み合わせた，超大規模な証明が生まれるかもしれません．もしそうなれば，もはや人間には証明の検証が望めなくなり，定理証明支援系による検証を基盤とした科学分野が誕生すると予想できます．

- **個人が検証した定理の公開（ビッグマスデータ構想）：** インターネット上に，形式化された理論が公開されていくと予想できます．現在は，数学者や数学の愛好家が，形式化されていない様々な理論をホームページ上に記述しています．しかし，それらの理論が論理的に正しいかどうかは必ずしも保証されていません．定理証明支援系が普及すれば，個人が正しさをチェックしてから理論を公開できるようになります．公開する側も観覧する側も，どちらも互いにチェックできるので信頼性の高い情報を発信・受信できるようになります．将来的には，数学の正しい理論のデータ化が進むことで，**ビッグマスデータ**が誕生すると予想できます．そうなれば，ビッグマスデータにデータ解析技術を適用することで，関係ないと思われていた理論間に意外な共通点が見つかるかもしれません．つまり，科学の新しい手法につながると期待できます．証明の解析技術を応用することで，定理の自動証明が可能になるかもしれません．

- **ICT としての論理力習得のための自己学習システム：** 数学の問題を論理的に正しく証明するのは非常に難しいことです．自分では正しいと思っていても，意外なところで論理の飛躍が残ることは珍しくありません．定理証明支援系に証明をチェックさせることで，自分の考えた証明が正しいかどうか確認できます．定理

証明支援系に正しさを保証してもらえるような証明を考えていくことで，論理的思考の自己学習が可能となるかもしれません．

どうでしょう．わくわくしませんか．

以上で Coq/SSReflect，形式化についてのおおまかな解説を終わりにします．次節では，理論や技術に踏み込んで解説していきます．すぐに使いたい，とりあえず試してみたい，という方は 1.3 節「インストール・設定・環境」に従ってインストールを行い，第 2 章へ進んでも大丈夫です．Coq/SSReflect の仕組みに興味が湧いたら，適宜，本章へ戻るとよいでしょう．

1.2 型理論とカリー–ハワード同型対応

1.2.1 型理論

どうやって定理証明支援系は正しさを保証するのでしょうか．定理証明支援系の基本的なアイデアは**数学基礎論**の機械化です．数学基礎論は数学や論理学の一分野であり，証明や論理的な正しさを研究テーマとしています．数学基礎論による正しさの保証を計算機のソフトウェアとして実装したものが**定理証明支援器**なのです．

本書で説明する Coq は，**型理論**とよばれる基礎論に基づいてつくられています．実は，定理証明支援系は Coq だけではありません．Mizar[◆1]，HOL Light[◆2]，Agda，Isabelle[◆3] とよばれる定理証明支援系もあります．それぞれが異なる基礎論に基づいてつくられています．たとえば，Mizar はタルスキ–グロタンディーク集合論に基づいています．基礎論が異なれば，論理の公理系も異なります．定理証明支援系の視点で見れば，公理が少なく表現力が高いほどよい基礎論と言えます．なぜなら，公理が少なければ定理証明支援系の中核部分は小さくなり，定理証明支援系の信頼性が高くなるからです．

数学を学んでいる人にとって，代表的な基礎論と言えばツェルメロ[◆4]の集合論かもしれません．ツェルメロの集合論と同じ時代（1908 年）に，ラッセル[◆5]によって提案された別の基礎論が**型理論**です．

型理論の基礎は**型**とよばれる概念です[◆6]．「$a : A$」と書いて，「型 A の要素 a」と

[◆1] 定理証明支援系 Mizar: http://mizar.uwb.edu.pl/
[◆2] 定理証明支援系 HOL Light: https://code.google.com/p/hol-light/
[◆3] 定理証明支援系 Isabelle: https://isabelle.in.tum.de
[◆4] エルンスト・ツェルメロ（Ernst Zermelo, 1871〜1953）：ドイツの数学者・論理学者
[◆5] バートランド・ラッセル（Bertrand Russell, 1872〜1970）：イギリスの哲学者・数学者・論理学者
[◆6] プログラマーにとっては，プログラミング言語の型（int, float 等）としてなじみがあるでしょう．

か「要素 a が型 A をもつ」などと読みます．型と関連が深く，数学者にとって身近な概念が集合です．数学で要素 a が集合 A に属することを「$a \in A$」と表すのと似ています[◆1]．型理論と形式論理を結ぶアイデアの一つは，「$a : A$」を「言明 A には証明 a がある」と解釈することです．

型理論では，型を用いて形式論理を表1.2のように記述します．**論理和，論理積，含意**の3行においては，A と B は形式論理では命題を，型理論では型をそれぞれ表しています．

表 1.2 形式論理と型理論

論理演算	形式論理上の記述	型理論での型	日常言語で表現した言明
論理和	$A \vee B$	$A + B$	A または B が真
論理積	$A \wedge B$	$\Sigma x : A, B$	A かつ B が真
含意	$A \to B$	$\Pi x : A, B$	A ならば B が真
全称記号	$\forall x \in A, B(x)$	$\Pi x : A, B(x)$	A に属するすべての x に対して $B(x)$ が真
存在記号	$\exists x \in A, B(x)$	$\Sigma x : A, B(x)$	A に属するある x に対して $B(x)$ が真

■ 論理演算と型の対応

形式論理での論理和 $A \vee B$ を，型理論では $A + B$ と表す型に対応させます．型 $A + B$ の定義は型 A の要素または型 B の要素により構成される型です．上で述べた，型理論と形式論理を結ぶアイデアの視点で捉えると，「言明 $A + B$ に証明があること」を「A の証明もしくは B の証明があること」と解釈できます．ですから，型 $A + B$ と論理和 $A \vee B$ を対応させるのは自然なことだと考えられます．あるいは型理論と関連の深い集合論の和集合 $A \cup B$ を想起してもよいでしょう．注意として，型 $A + B$ と型 $B + A$ は厳密には別の型を表します．実際，型 $B + A$ の要素は $b : B$ または $a : A$ で構成されることから，定義どおりに表した際の順番が異なります．型理論ではこのような細かいことも重要視します．

形式論理での論理積 $A \wedge B$ を，型理論では $\Sigma x : A, B$ と表す型に対応させます．型 $\Sigma x : A, B$ の定義は順序対 (a, b) を要素にもつ型です．ここで，$a : A$, $b : B$ としています．集合論で言う積集合 $A \times B$ を想起するとよいでしょう．集合論では，集合 A, B のどちらかが一方でも空集合であれば，積集合 $A \times B$ を空集合と考えました．型理論でも同様です．型 A, B のどちらか一方でも要素をもたなければ型 $\Sigma x : A, B$ にも要素がなく，両方に要素をもっていれば型 $\Sigma x : A, B$ には要素があると考えます．このことは，言明 A, B のどちらか一方でも証明をもっていなければ論理積 $A \wedge B$ に

[◆1] プログラミングで変数 a が型 A をもつことを「$a : A$」と書くのと同様です．プログラマーにとっては，a のかわりに i を，A のかわりに整数型 int とした i : int と書くより身近に感じるかもしれません．

は証明がなく，言明 A, B の両方の証明をもっていれば論理積の証明をもっていると解釈できます．

補足 ▶ ところで，集合論で積集合 $A \times B$ に対応する対象を表すために，型理論で Σ を用いることに疑問を感じるかもしれません．そこで記号の使い方を少しだけ補足しておきます．型 $\Sigma x : A, B$ は，数学の一般的な記号の $\sum_{x \in A} B$ を意図します．型理論における記号 + が集合論における記号 $\cup$ に対応することを思い出せば，型 $\Sigma x : A, B$ に対応する集合は $\bigcup_{x \in A} B$ と考えられます．そこで，集合 $\bigcup_{x \in A} B$ が空であるかどうかの条件を集合 A, B が空であるかどうかで考察してみます．$\bigcup_{x \in A} B$ が空であるのは B が空であるとき，もしくはその添え字集合 A が空であるときです．逆に $\bigcup_{x \in A} B$ が空でないのは B と A が同時に空でないときです．これは，積集合 $A \times B$ が空であるかどうかの条件と一緒です．このように Σ を用いることを正当化できます．

形式論理での含意 $A \to B$ を，型理論では $\Pi x : A, B$ と表す型に対応させます．型 $\Pi x : A, B$ の定義は関数 $f : A \to B$ に相当する要素により構成される型です[1]．これは，次の例を見ながら考えるとよいでしょう．形式論理において「$A \to B$ が真であり，かつ，A が真であるとき，B が真である」とよばれる言明があります[2]．型の言葉で書けば「関数 $f : A \to B$ があり，$a : A$ があるとき，$b : B$ がある」ということです．この b のかわりに，記号 fa を用いてみましょう[3]．このとき「$A \to B$ の証明 f があり，A の証明 a があれば，B の証明 fa がある」と解釈できます．形式論理と型理論における含意の類似性が見えたでしょうか．

全称記号と存在記号に関する表の最後の 2 行には，記号 $B(x)$ が書かれています．これは型 A の要素 a によって定まる型 $B(a)$ を表します．そのような型全体 B を**型族**とよびます．

形式論理での全称記号 $\forall x \in A, B(x)$ を，型理論では $\Pi x : A, B(x)$ と表す型に対応させます[4]．この型は順序対 $(b_1, b_2, \ldots, b_t, \ldots)$ に相当する要素により構成される型です．ここで $a_1, a_2, \ldots, a_t, \ldots$ は型 A のすべての要素であり，$b_1 : B(a_1), b_2 : B(a_2), \ldots, b_t : B(a_t), \ldots$ です．先ほどの論理積と同様に，この型に証明があるとは，どの $a_i : A$ に対しても型 $B(a_i)$ の証明があることと解釈できます．

形式論理での存在記号 $\exists x \in A, B(x)$ を，型理論では $\Sigma x : A, B(x)$ と表す型に対応させます[5]．この型の定義は各型 $B(a_i)$ の要素により構成される型です．ここで，a_i は型 A の要素です．先ほどの論理和と同様に，この型に証明があるとは，ある $a_i : A$

---

[1] 写像と考えてもかまいません．本書では慣例に従い関数とよびます．
[2] モーダスポネンスとよばれる言明です．1.2.2 項でも登場します．
[3] fa は，一般的な数学では $f(a)$ と記述されるものです．
[4] 数学の一般的な記号では $\prod_{x \in A} B(x)$ を意図します．
[5] 数学の一般的な記号では $\sum_{x \in A} B(x)$ を意図します．

に対して型 $B(a_i)$ の証明があることと解釈できます.

全称記号,存在記号での型理論の型として書かれている $\Pi x : A, B(x)$, $\Sigma x : A, B(x)$ は,それぞれ型 A と型族 B の**依存積**,**依存和**とよばれます.

1.2.2 カリー−ハワード同型対応

前項では形式論理と型理論の対応関係として,論理の基礎である論理積・論理和・含意などとその対応を例に挙げて説明しました.このような対応が複雑な証明にも存在することを保証する定理が知られています.本節で述べる**カリー−ハワード同型対応**です.

最も基本的な論証の一つが**モーダスポネンス (modus ponens)** とよばれる言明:「A ならば B が成り立ち,A が成り立つならば,B も成り立つ」です.形式論理では,モーダスポネンスの言明は次の図のように記述されます.

$$\frac{A \to B \quad A}{B}$$

このように証明を図で表したものは**証明図**とよばれます.

一方,プログラミング言語の計算の一つに**関数適用**とよばれるものがあります.型 A の要素を与えたとき,型 B の要素を出力する関数 f があるとします.数学的な表記を用いれば $f : A \to B$ と書けます.関数 f に型 A をもつ要素 a を渡すと,関数適用によって型 B の要素 $f a$ を返します.

計算機科学において,関数適用にあたる型規則は次のように記述されます.

$$\frac{f : A \to B \quad a : A}{f a : B}$$

この記述中の「:」とその左側を無視すると,モーダスポネンスが隠れていたことがわかります.これは,形式論理と型付きプログラミング言語の自然な対応例です.

形式論理とプログラミング言語の対応を発見したのはカリー[1]です.1930 年代当時,プログラミング言語の概念はまだはっきりしていませんでした.カリーはコンビネータとよばれる簡単なプログラミング言語のモデルをもとに,その定式化に取り組みました.時代は下って 1967 年,ド・ブラン[2]が数学の証明を検証するために,型理論に基づく定理証明支援系 AUTOMATH の開発を始めました.さらに 1969 年,ハワード[3]の研究によって,形式論理とプログラミング言語の対応に関する理解はさらに深まりました.ハワードはプログラミング言語モデルとして,コンビネータでは

---

[1] ハスケル・ブルックス・カリー (Haskell Brooks Curry, 1900〜1982):アメリカの数学者,論理学者
[2] ニコラース・ホーバート・ド・ブラン (Nicolaas Govert de Bruijn, 1918〜2012):オランダの数学者
[3] ウィリアム・アルビン・ハワード (William Alvin Howard, 1926〜):アメリカの論理学者

なく**ラムダ計算**に注目しました．ラムダ計算は，コンピュータサイエンスで広く使われている言語モデルです．ハワードは，ラムダ計算の項に型をつければ数学の証明を表すのに十分な形式論理を対応づけられることを発見しました．ハワードによる発見以降，この対応はカリー–ハワード同型対応とよばれています．

カリー–ハワード同型対応では，「:」の左側の値を「証明」だと解釈します．つまり，「$a : A$」を「要素（変数や関数ともみなせる）a が型 A をもつ」であると同時に，「a は言明 A の証明である」と考えます．このような解釈を**ブラウワー–ハイティング–コルモゴロフ**[◆1]**意味論**と言います．ブラウワー–ハイティング–コルモゴロフ意味論では，それぞれの論理演算を表 1.3 のように解釈します．

ちなみに，現在盛んに使われているプログラミング言語 Haskell の名称はカリーのファーストネームに由来しています．

表 1.3　ブラウワー–ハイティング–コルモゴロフ意味論による論理演算の解釈

論理演算	解釈
$A \wedge B$	言明 A の証明と言明 B の証明のペア全体
$A \vee B$	言明 A の証明または言明 B の証明全体
$A \to B$	言明 A の証明から言明 B の証明を構成できることの証明全体
$\forall x : A, B(x)$	言明 A の証明 x から言明 $B(x)$ の証明を構成できることの証明全体
$\exists x : A, B(x)$	言明 A の証明 x と言明 $B(x)$ の証明のペア全体

■ カリー–ハワード同型対応の例：もう少し深く

ここでは $(A \to B \to C) \to (A \to B) \to A \to C$ の証明に対するカリー–ハワード同型を考察しましょう．まず，形式論理の観点から証明を例示します．ただし，証明中の → (含意) は右結合を仮定した論理演算を，A, B, C は命題をそれぞれ表します．

形式論理の具体的な形式体系の一つである，自然演繹を使います．自然演繹には三つの推論規則 axiom, $\to_i$, $\to_e$ があり，それぞれ次のように記述されます．

$$\frac{A \in \Gamma}{\Gamma \vdash A} \text{axiom} \qquad \frac{\Gamma, A \vdash B}{\Gamma \vdash A \to B} \to_i \qquad \frac{\Gamma \vdash A \to B \quad \Gamma \vdash A}{\Gamma \vdash B} \to_e$$

上の記号を説明します．A, B は命題を，Γ は命題の集まりをそれぞれ表しています．三つの推論規則に同じ記号を用いていますが，同じ命題を表しているとは限りません．$\vdash$ は判断関係を表します．これらを組み合わせた $\Gamma \vdash A$ によって「仮定 Γ か

◆1　ライツェン・ブラウワー（Luitzen Brouwer, 1881〜1966）：オランダの数学者
　　アレン・ハイティング（Arend Heyting, 1898〜1980）：オランダの数学者・論理学者
　　アンドレイ・コルモゴロフ（Andrey Kolmogorov, 1903〜1987）：ロシアの数学者

ら推論の繰り返しにより命題 A を示せる」ことを表します．

- 推論規則 axiom は仮定の導入を意味します．線の上側が「命題 A が仮定 Γ に含まれる」を，線そのものが「ならば」を，線の下側が「Γ から A を示せる」をそれぞれ表していると考えればよいでしょう．
- 推論規則 $\to_i$ は含意の導入を表します．線の上側は「命題の集まり Γ と命題 A から命題 B を示せる」を，線の下側は「命題の集まり Γ から，命題 $A \to B$ を示せる」をそれぞれ意味します．
- 推論規則 $\to_e$ は含意の除去を表します．線の上側は「仮定 Γ から命題 $A \to B$ と命題 A の両方を示せる」を，線の下側は「仮定 Γ から命題 B を示せる」をそれぞれ表します．含意の除去 $\to_e$ はモーダスポネンスに相当します．

いま証明したいことは「$(A \to B \to C) \to (A \to B) \to A \to C$」です．準備として，三つの命題 $A \to B \to C, A \to B, A$ の集まりを Γ としましょう．証明のゴールは C（が真であること）を示すことです．

自然演繹による $(A \to B \to C) \to (A \to B) \to A \to C$ の証明の例を挙げます．

$$\cfrac{\cfrac{\cfrac{\cfrac{\cfrac{A \to B \to C \in \Gamma}{\Gamma \vdash A \to B \to C}\text{axiom} \quad \cfrac{A \in \Gamma}{\Gamma \vdash A}\text{axiom}}{\Gamma \vdash B \to C}\to_e \quad \cfrac{\cfrac{A \to B \in \Gamma}{\Gamma \vdash A \to B}\text{axiom} \quad \cfrac{A \in \Gamma}{\Gamma \vdash A}\text{axiom}}{\Gamma \vdash B}\to_e}{\Gamma \vdash C}\to_e}{A \to B \to C, A \to B \vdash A \to C}\to_i}{A \to B \to C \vdash (A \to B) \to A \to C}\to_i}{\emptyset \vdash (A \to B \to C) \to (A \to B) \to A \to C}\to_i$$

最下段は仮定なし（$\emptyset$）で $(A \to B \to C) \to (A \to B) \to A \to C$ が真であることを意味しています．これを帰結と見ると，その論証が axiom，$\to_i$，$\to_e$ の3種類だけで成り立っていることが読み取れます．帰結から上段へのぼっていくと四つの axiom にたどり着きます．いずれも Γ の定義から明らかです．

今度は，この証明に対応する型付きラムダ計算を記述します．

型付きラムダ計算では**型規則**とよばれるルールに従って計算します．ここでは下に記述する三つの型規則 Var，Lam，App を用います．注意として，Γ は命題の集合ではなく，型をもつ要素の集合を表します．また，A, B は型を表します．

1.2 型理論とカリー–ハワード同型対応

$$\frac{x : A \in \Gamma}{\Gamma \vdash x : A} \text{ Var}$$

$$\frac{\Gamma, x : A \vdash t : B}{\Gamma \vdash \text{fun } x \Rightarrow t : A \to B} \text{ Lam}$$

$$\frac{\Gamma \vdash f : A \to B \quad \Gamma \vdash t : A}{\Gamma \vdash f\,t : B} \text{ App}$$

- 型規則 Var は要素の導入とよばれます．線の上側が「Γ が型 A の要素 x をもつ」を，線が「ときに」を，線の下側が「Γ から，型 A をもつ要素 x をつくれる（構成できる）」をそれぞれ表します．
- 型規則 Lam は自然演繹での含意の導入にあたります．線の上側が「Γ，型 A をもつ要素 x から，型 B をもつ要素 t をつくれる」を，下側が「Γ から，型 $A \to B$ をもつ要素 fun $x \Rightarrow t$ をつくれる」をそれぞれ表します．
- 型規則 App 規則は，形式論理のモーダスポネンスにあたります．線の上側は「Γ から型 $A \to B$ をもつ要素 f がつくれる，かつ，Γ から型 A をもつ要素 t をつくれる」を，下側は「Γ から型 B をもつ要素 $f\,t$ をつくれる」をそれぞれ表します．

上記の型規則を用いて型 $(A \to B \to C) \to (A \to B) \to A \to C$ をもつ要素をつくります．Γ を $x_1 : A \to B \to C, x_2 : A \to B, x_3 : A$ としましょう．

$$\cfrac{\cfrac{\cfrac{\cfrac{\cfrac{x_1 : A \to B \to C \in \Gamma}{\Gamma \vdash x_1 : A \to B \to C} \text{Var} \quad \cfrac{x_3 : A \in \Gamma}{\Gamma \vdash x_3 : A} \text{Var}}{\Gamma \vdash x_1\,x_3 : B \to C} \text{App} \quad \cfrac{\cfrac{x_2 : A \to B \in \Gamma}{\Gamma \vdash x_2 : A \to B} \text{Var} \quad \cfrac{x_3 : A \in \Gamma}{\Gamma \vdash x_3 : A} \text{Var}}{\Gamma \vdash x_2\,x_3 : B} \text{App}}{\Gamma \vdash (x_1\,x_3)\,(x_2\,x_3) : C}\text{App}}{x_1 : A \to B \to C, x_2 : A \to B \vdash \text{fun}\,x_3 : A \Rightarrow (x_1\,x_3)\,(x_2\,x_3) : A \to C} \text{Lam}}{x_1 : A \to B \to C \vdash \text{fun}\,x_2 : A \to B \Rightarrow \text{fun}\,x_3 : A \Rightarrow (x_1\,x_3)\,(x_2\,x_3) : (A \to B) \to A \to C} \text{Lam}}{\emptyset \vdash \text{fun}\,x_1 : A \to B \to C \Rightarrow \text{fun}\,x_2 : A \to B \Rightarrow \text{fun}\,x_3 : A \Rightarrow (x_1\,x_3)\,(x_2\,x_3) : (A \to B \to C) \to (A \to B) \to A \to C} \text{Lam}$$

最下段は要素 $\text{fun}\,x_1 : A \to B \to C \Rightarrow \text{fun}\,x_2 : A \to B \Rightarrow \text{fun}\,x_3 : A \Rightarrow (x_1\,x_3)\,(x_2\,x_3)$ をつくれることを意味します．先ほどの形式論理での図と照らし合わせて，型付きラムダ計算との類似性を確認してみてください．このような対応がカリー–ハワード同型対応です．ブラウワー–ハイティング–コルモゴロフ意味論による解釈では，関数 $\text{fun}\,x_1 : A \to B \to C \Rightarrow \text{fun}\,x_2 : A \to B \Rightarrow \text{fun}\,x_3 : A \Rightarrow (x_1\,x_3)\,(x_2\,x_3)$ が命題 $(A \to B \to C) \to (A \to B) \to A \to C$ の証明に対応

することになります．読み方の一つを挙げれば，「$A \to B \to C$ の証明 x_1 と $A \to B$ の証明 x_2 と A の証明 x_3 から $(A \to B \to C) \to (A \to B) \to A \to C$ の証明 $(x_1 x_3)(x_2 x_3)$ がつくれる」が考えられます．

1.2.3 カリー‐ハワード同型対応から Coq/SSReflect へ

定理証明支援系 Coq はコカン[◆1]とウエ[◆2]が 1985 年に発表しました．Coq は **Calculus of Constructions** (CoC) とよばれる型付きラムダ計算を実装しています．型付きラムダ計算は型理論に基づく計算理論であり，その機能により八つに分類されています．**ラムダ・キューブ**とよばれる分類法です．八つのなかで最も機能性の高い計算が CoC です[◆3]．

1989 年にポラン゠モラン[◆4]が CoC に対し**帰納的 (Inductive) 型**とよばれる拡張を導入しました．この拡張は影響が大きく，それ以来 Coq のラムダ計算は **Calculus of Inductive Constructions** を採用しています[◆5]．

Coq はプログラミング言語 **Gallina**[◆6]を提供します．Coq で証明や定義を書く際には Gallina の文法に従って記述します．Gallina は広範囲の数学的な言明と証明を表現できる高い表現力をもちます．たとえば，Gallina では依存積型 $\Pi x : A, B(x)$ をもつ関数を記述できます．カリー‐ハワード同型対応によって，その型と要素はそれぞれ全称記号 ($\forall x : A, B(x)$) の言明と証明とみなせます．

証明言語 SSReflect は定理証明支援系 Coq のプラグインです．Gallina によるラムダ計算の記述を簡便化する効果があります．SSReflect がつくられたきっかけは，前節で触れたように，2000 年ごろから行われたゴンティエによる四色定理の形式化でした．四色定理の膨大な証明を形式化するために様々な工夫が発明されるなか，Coq の中核を変更せずに Coq のライブラリとなるよう工夫して実装されたのが SSReflect です．SSReflect を用いると形式証明の記述が効率的に行えます．1.4.1 項で紹介する MathComp ライブラリは SSReflect で書かれています．最近では，SSReflect と MathComp をまとめたものが MathComp として提供されるようになりました．

そのような経緯があり，本書では Coq よりも SSReflect と MathComp に焦点を当てています．

◆1 ティエリ・コカン (Thierry Coquand, 1961〜)：フランスの論理学者
◆2 ジェラール・ウエ (Gérard Huet, 1947〜)：フランスの論理学者
◆3 他の七つには System F や単純型付きラムダ計算などがあります．
◆4 クリスティン・ポラン゠モラン (Christine Paulin-Mohring, 1962〜)：フランスの論理学者
◆5 ちなみに，定理証明支援系 matita や LEAN も Calculus of Inductive Constructions に基づいてつくられています．http://matita.cs.unibo.it
◆6 ちなみに，Coq はフランス語で雄鶏という意味をもちます．Gallina は Gallinacé（キジ目）の省略だと思われます．

1.3 Coq/SSReflect/MathComp のインストール・設定・環境（Microsoft Windows 上バイナリ版）

Coq/SSReflect/MathComp は一般的な PC 上で動作します．対応している OS は Microsoft Windows，OS X，Linux 系 OS です．

ここでは作業の簡単な，Microsoft Windows 系 OS 上へのバイナリ版のインストール方法を紹介します．Coq 等のバージョンは，Coq8.7.0 です．本書執筆時の最新版 Coq8.7.1 ではありません．その理由は，SSReflect と MathComp の最新版がまだ Coq8.7.1 に対応していないためです．

1.3.1 Coq8.7.0 のインストール

最初に Coq8.7.0 のインストーラをダウンロードします．インストーラはウェブページ https://github.com/coq/coq/releases/tag/V8.7.0 からダウンロードできます．ブラウザを使ってアクセスしましょう．

アクセスしたら，Assets と書かれたリスト内にある「coq-8.7.0-installer-windows-**.exe」をクリックします．ここで「**」と表しているところには i686 もしくは x86-64 が入ります．ご使用のパソコンの OS に応じてリンクをクリックしてください．クリックの後，ウィンドウ「coq-8.7.0-installer-windows-**.exe を開く」が自動で立ち上がります．このウィンドウ内の「ファイルを保存」ボタンをクリックし，インストーラの保存場所を指示します．保存されるインストーラのファイル名は「coq-8.7.0-installer-windows-**.exe」です．以上でインストーラをダウンロードできます．

今度は，インストーラを使って Coq8.7.0 をインストールします．手順は以下です．

- インストーラを起動します．ダブルクリック等により起動できます．
- 変更の許可（Windows のバージョン等によっては表示される），Coq Setup Wizard の解説，GNU ライセンスに関する承諾などを尋ねられます．それらに答えましょう．
- インストールするコンポーネントの選択画面「Choose Components」が表示されます．選択項目は二つ，「Coq」と「Coq files for plugin developers」です．両方にチェックを入れてインストールを進めましょう．
- 続いてインストール先の選択画面「Choose Install Location」にて，Coq8.5pl1 の本体，付属するライブラリやバイナリファイルなどの保存先を選択します．保存先のデフォルトは C:¥Coq です．変更する理由がなければデフォルトのままでよいでしょう．本書では C:¥Coq を選択したと仮定して解説します．
- インストール状況の表示画面「Installing」が表示され，インストールの完了を待

ちます．完了すると「Completing the Coq Setup Wizard」と表示されます．
Finish ボタンを押せば，Coq8.7.0 のインストール作業は終了です．

1.3.2 SSReflect – MathComp1.6.3 のインストール

　ここでは，Coq8.7.0 がインストールされている Microsoft Windows 系 OS 上に SSReflect – MathComp1.6.3 をインストールする方法を紹介します．これらは一つのインストーラから同時にインストールされます．

　まずインストーラをダウンロードします．次の URL へブラウザからアクセスしましょう．

$$\text{http://ssr.msr-inria.inria.fr/FTP/}$$

　ブラウザの画面上部に Index of /FTP と書かれたウェブページが表示されます．ここにいろいろな項目が上から下へ並べて記述されています．そのなかの「ssreflect-mathcomp-installer-1.6.3-8.7.0-win**.exe」をクリックしてください．ただし，ここでの ** は，Coq のインストール時と同様に OS が何ビット版かによって異なります．このページには複数のファイルがあるので，他のファイルと間違えないよう特別に注意してください．

　別ウィンドウ「ssreflect-mathcomp-installer-1.6.3-8.7.0-win**.exe を開く」が自動で立ち上がります．このステップでインストーラの保存場所を設定します．ウィンドウ内の「ファイルを保存」ボタンをクリックし，インストーラの保存場所を決めてください．インストーラのファイル名は「ssreflect-mathcomp-installer-1.6.3-8.7.0-win**.exe」です．

　インストーラを使った SSReflect – MathComp1.6.3 のインストールは次の手順で行います．

- インストーラを起動します．ダブルクリック等により起動できます．
- 変更の許可（Windows のバージョン等によっては表示される），Ssreflect and the Mathematical Components library Setup Wizard の解説，GNU ライセンスに関する承諾などを尋ねられます．それらに答えましょう．
- インストールするコンポーネントの選択画面「Choose Components」が表示されます．選択項目は「Ssreflect and MathComp」の一つのみです．チェックを入れたままインストールを進めましょう．
- インストール先の選択画面「Choose Install Location」にて，すでに Coq をイ

ンストールしたフォルダを選択します．本書では C:¥Coq¥ としています[1]．

- 続いてインストール状況の表示画面「Installing」が表示されます．この画面でインストールの完了を待ちます．完了すると「Completing the Coq Setup Wizard」と表示されます．Finish ボタンを押せば，SSReflect と MathComp のインストール作業は終了です．

　Coq，SSReflect，MathComp は頻繁にバージョンアップされます．他のバージョンをインストールする場合は，上記の説明を適宜読み替えてください．注意として，Coq，SSReflect，MathComp は同じ種類のバージョンでないと動作しないことが挙げられます．たとえば，Coq だけ最新バージョンを，SSReflect と MathComp は一つ前のバージョンをといった組合せでは動作しません．すべて最新版，すべて一つ前のバージョンなど，同じバージョンの組合せにすることを心がけてください．

1.3.3　起動・動作確認

　Coq8.7.0，SSReflect – MathComp1.6.3 が正しくインストールされたか確認しましょう．そのために，CoqIDE とよばれるインターフェースを起動します．Windows7 であれば，スタートメニューから CoqIDE を選択してください．Windows8，10 であれば，アプリ画面から CoqIDE を選択，もしくはスタートメニューから CoqIDE を検索して起動してください．

　インストールに成功していれば，図 1.2 のようなウィンドウが立ち上がります．

　ウィンドウは左に一つ，右の上下にそれぞれ一つ，合計三つの枠に区切られています．本書では左側の枠内を**スクリプトエリア**，右上の枠内を**ゴールエリア**，右下の枠内を**レスポンスエリア**とそれぞれよぶことにします．いまレスポンスエリアに「Welcome to CoqIDE,...」と表示されていれば，Coq8.7.0 の起動成功です．

　Coq8.7.0 の起動に成功したら，スクリプトエリアに以下を記述してください．

```
From mathcomp
Require Import ssreflect.
```

　記述の際は，大文字／小文字，ピリオド，スペースの有無に注意してください．とくに，全角のスペースは使わないようにしましょう．思わぬエラーの原因となります．記述できたら，ウィンドウ上部にある「↓」アイコンをクリックしましょう（このアイコンは，「×」アイコンと「↑」アイコンに挟まれています）．記述した文字列の色が緑色に変わったら，SSReflect と MathComp ライブラリの読み込みの成功を意味します（→図 1.3）．

---

[1] 最後に ¥ をつけずに C:¥Coq としても影響はありません．前項ではそのようになっていました．

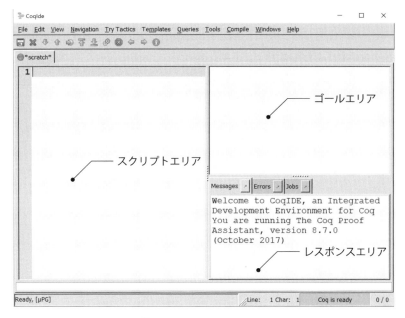

図 1.2　CoqIDE の起動画面

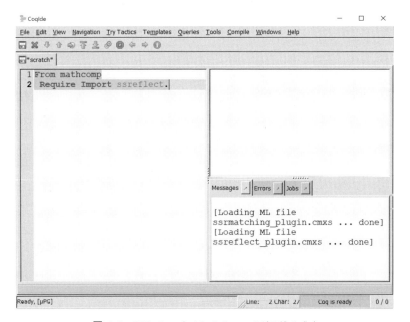

図 1.3　SSReflect と MathComp の読み込み成功

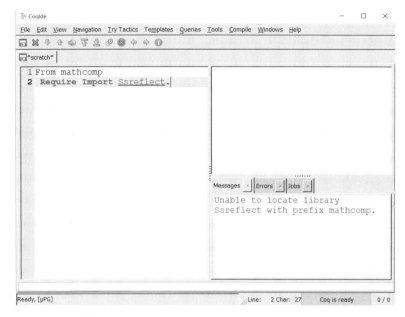

図 1.4　SSReflect あるいは MathComp の読み込み失敗

　一方，失敗すると文字列の一部に下線が引かれ，その位置が赤色に変わります．そしてレスポンスエリアに Unable to などで始まる文字列が表示されます（→図 1.4）．その場合，記述した文字列に間違いがないか確認してください．下線に変わった個所に間違いがあるはずです．訂正できたら改めて「↓」アイコンをクリックしてみてください．

　CoqIDE を終了するには，ウィンドウ左上の File メニューを開き Quit を選択する，もしくは，ウィンドウの右上にある閉じるボタン（右上隅のバツ印）をクリックします．ここまでの動作確認をしたことにより，ファイルを保存するかどうか尋ねられます．ここでは保存をしないで終了する「Quit without Saving」ボタンを押しましょう．

　以上でインストールと動作確認は終了です．

1.4　Coq/SSReflect/MathComp のライブラリ

1.4.1　ライブラリ

　ライブラリとは，補題・定理・定義・記法などをまとめたファイルの集まりです．Coq にはライブラリを読み込む機能があります．読み込むことで，そのライブラリに

書かれた補題・定理・定義・記法を利用できるようになります．ライブラリをまったく利用せずに Coq で数学の証明を形式化するのは非常に困難です．簡単に証明できそうな言明であっても，その背景には様々な定義や定理が隠れているからです．たとえば「自然数 n には $n + (n + 1) \leq 2(n + 1)$ が従う」という言明とその証明は，普通の数学の感覚では簡単にできます．しかし，Coq を使って一から形式化するのは大変です．自然数の定義，加法や乗法などの演算の定義，不等号の定義といった基礎的な概念もすべて形式化する必要があります．毎度基礎的な概念から形式化を始めるより，すでに形式化されているものは利用できるほうが便利です．それを実現するのがライブラリです．

Coq には，いくつかのライブラリが同包されています．本書ではそれらを**標準ライブラリ**とよぶことにします．たとえば，ブール代数，等号，自然数とその演算といった数学の基礎理論は Coq の標準ライブラリとして形式化されています．Coq のインストール時に，標準ライブラリも一緒にインストールされます．一方，群の定義は Coq の標準ライブラリには含まれません．群に関するライブラリは MathComp と SSReflect に含まれています．このように Coq には，すべての数学のライブラリは揃っていません．必要なものをダウンロードしたり，自分で作成する必要があります．発想を変えてみれば，あなた自身でライブラリを開発しインターネットなどを通じて公開することで，世界中の数学者たちの定理証明に貢献できるチャンスでもあります．

Coq では，インストールしたライブラリのなかから引用したいものを必要に応じて取捨選択して使用できます．たとえば，ある定理を選択公理なしで証明したいとします．しかしすでに，選択公理に関するライブラリがあなたのパソコンにインストールされているとします．そんなときでも，選択公理に関するライブラリを読み込まなければ，選択公理を仮定しない証明を記述できます．利用したいライブラリは，自分で形式化したい内容に応じて，自由に選択できるのです．逆を言えば，ライブラリを読み込み忘れると，そのライブラリ内の定義，定理，記法が利用できないため注意が必要です．

以下，Coq の標準ライブラリ，そして SSReflect と MathComp のライブラリにはどのような分野の理論が形式化されているかを，おおまかに述べていきます．

■ **Coq の標準ライブラリ**

Coq の標準ライブラリ[◆1]には，

- ブール代数のライブラリ Bool

[◆1] Coq の標準ライブラリの概要：https://coq.inria.fr/library/

- 自然数のライブラリ Arith, NArith
- 二進法のライブラリ PArith
- 整数のライブラリ ZArith
- 有理数のライブラリ QArith
- リストデータ構造 Lists
- 集合論のライブラリ Sets（一般の集合），Fsets, Msets（いずれも有限集合）

などが含まれています．

Coq の標準ライブラリでは不十分なこともあります．例を挙げると

- 集合論のライブラリでの有限集合や無限集合の扱いが複雑になる．
- 上記以外の数学の形式化が揃っていない．
- 関数型プログラミングに欠かせないリストデータ構造の形式化が十分ではない．

などです．これらは SSReflect の標準ライブラリや MathComp で補われています．

■ SSReflect の標準ライブラリ

現在，SSReflect と MathComp は同じライブラリとしてまとめられています．まとめられたのは最近のことです．少し前までは SSReflect と MathComp は別のライブラリとして配布されていました．現在はとくに意識する必要はありませんが，歴史を踏まえておく意味でそれらの違いを述べておきます．

SSReflect の標準ライブラリは，2000 年代前半に四色定理の形式化とともに開発されました．ライブラリの開発者らは Coq の不便なところを解消しようと試みました．そこで，形式証明の基本的なステップとなる**タクティク**とよばれる命令を整理しました．SSReflect のタクティクについては第 3 章で詳しく述べます．

SSReflect の標準ライブラリはよく整理されています．定義は多くありませんが，定理は豊かで冗長性がなく，命名規則はよく考えられていて，とても使いやすくなっています．

内容は Coq の標準ライブラリと重複するものもあります．

- 関数に関するライブラリ ssrfun
- ブール代数に関するライブラリ ssrbool（→ 4.1 節）
- （同値関係のような）決定的な型に関するライブラリ eqtype（→ 4.2 節）
- 自然数に関するライブラリ ssrnat（→ 4.3 節）
- リストに関するライブラリ seq（→ 4.4 節）
- 有限集合とその型などを扱うライブラリ fintype（→ 4.5 節）

■ MathComp ライブラリ群

MathCompは**奇数位数定理**の形式化のために開発されました．約10万行の定義や証明で構成されています．それらの依存関係は複雑で，約70個の電子ファイルを含みます[*1]．

本書の第5章（集合論の形式化）と第6章（代数学の形式化）に関係するライブラリとして次が挙げられます．

- 和（$\sum$），積（$\prod$）のライブラリ bigop （→ 4.6 節）
- 整数論のライブラリ div, prime
- グラフのライブラリ path, fingraph
- 有限領域の関数のライブラリ finfun
- 有限集合のライブラリ finset （→ 4.6, 5.6 節）
- 群のライブラリ fingroup （→ 6.2 節），sylow 等
- 環や体のライブラリ ssralg （→ 6.1.2 項），zmodp 等
- 多項式のライブラリ poly, polydiv 等
- 行列のライブラリ matrix 等

ちなみに，1.1節で紹介した奇数位数定理の形式化は，フランス国立情報学自動制御研究所 (INRIA) とフランスのマイクロソフトリサーチが2005年から2012年にかけて約15人で行った大規模な研究プロジェクトでした．奇数位数定理の形式証明のサイズは約4万行ですが，その背後には，倍以上のサイズのMathCompライブラリが隠れていました．

■ ユーザライブラリ

ライブラリを，皆さんが独自に開発することもできます．そのようなライブラリは自分だけで使うこともできますし，インターネット上に公開することもできます．

フランス国立情報学自動制御研究所は，ユーザが開発したライブラリをまとめて紹介するウェブサイトを提供しています[*2]．このウェブサイトで紹介されているライブラリは標準ライブラリの補足として誰でも無償で利用できます．数学に関するライブラリだけでなく，コンピュータプログラミングに関するライブラリも数多く紹介されています．

コンピュータプログラミングに関する形式化ライブラリで有名なものに，1.1節で

[*1] ライブラリMathCompの電子ファイルの依存関係グラフが次のサイトにある：http://ssr.msr-inria.inria.fr/doc/mathcomp-1.5

[*2] ユーザライブラリのまとめ：https://coq.inria.fr/community

も少し触れた **CompCert** があります[1]．CompCert は Coq の標準ライブラリに基づいて書かれていて，C 言語に関する様々な定義等を提供します．

その他，本書では数学関係の例として，第 7 章（確率論と情報理論の形式化）で筆者らが作成したユーザライブラリを紹介します．

1.4.2 定理証明支援系とそのインターフェース

厳密に言うと，定理証明支援器を使いやすくするインターフェースやライブラリなどをまとめたものが，**定理証明支援系**もしくは定理証明支援システムとよばれます．インターフェースとライブラリのどちらも形式化には不可欠であることから，ひとまとめにして扱われています．とくに，Coq とそのインターフェースなどをまとめたものは **Coq システム**とよばれます．

本章冒頭でも述べたように，定理証明支援系には形式化を支援する機能が盛り込まれています．ここで**形式化**とは，定理証明支援系に定義・定理・証明などを入力するためにそれらの言明を支援系の言語に翻訳する作業を意味します．形式化は大変骨の折れる作業のため，支援が不可欠なのです．定理証明支援系が行う支援の例を挙げます．まず，記法の導入があります．定理証明支援系によっては $\sum$ や $\forall$ といった記法を利用できます[2]．こういった記法は，形式化を直観的に進めやすくする効果があります．さらに，証明がコンパクトになります．他の支援として，検索機能があります．ライブラリ（→ 1.4.1 項）に書かれた言明を効率的に探し出す機能です[3]．ライブラリが提供する定理は非常に多いため，検索機能なしで必要な補題を探すことは困難です．

定理証明支援系への入力は，証明言語で書かれた文章，つまり文字列で構成されます．文字列はエディタ上で編集されます．エディタを通じて人と定理証明支援系が対話します．定理証明支援系との対話に利用できるエディタは数多くありませんが，いくつかあります．たとえば，前節で動作確認した **CoqIDE** があります．これは Coq の入門に適しているエディタです．

他に有名なエディタとして，**emacs**[4] があります．Coq の研究者が最も多く使っているエディタですが，エキスパート向けです．一般のテキストエディタである emacs を，Proof General[5] とよばれるプラグインと組み合わせることで，定理証明支援系 Coq のインターフェースとして利用できるようになります．

---

[1] 同名の検証済みの C 言語コンパイラもあります．
[2] Coq で言うと Notation 機能にあたります．
[3] Coq の Search 機能にあたります．
[4] カスタマイズ可能なエディタ emacs: http://www.gnu.org/software/emacs/
[5] 定理証明支援系のための emacs 拡張 Proof General: http://proofgeneral.inf.ed.ac.uk/

2

使ってみよう

　本章では，さっそく Coq/SSReflect/MathComp を動かしていきます．簡単な定理証明で動作を確かめながら，Coq/SSReflect/MathComp との出会いを楽しみましょう．

2.1 画面の構成要素

使い方を説明する前に，本節では Coq 利用時の画面の構成要素の名前を決めておきます．すぐにすべての名前を覚える必要はありません．次節以降を読み進める際に，必要に応じて参照してください．

図 2.1 は CoqIDE や Proof General などを抽象化した Coq のインターフェースを表します．左側のスクリプトエリアは証明のスクリプトを入力・編集するエリアです．右上のゴールエリアでは，Coq の出力は横線 _____ で分かれます．本書ではこの横線を**ゴールライン**とよびます．図 2.1 では，ゴールラインの上に P, Q : Prop, Hyp : P と書いています．P, Q はそれぞれ Prop の型をもつ変数名です．Hyp は型 P をもつ関数名・要素です．仮定の名前と解釈することも可能です．

ゴールラインより上の変数名・関数名の集まりを**（ローカル）コンテキスト**とよびます．ゴールラインより下を**サブゴール**とよびます．「->」「forall と変数名[1]」「型」で構成されます．サブゴールが->で区切られているとき，一番右を除いて，**（仮定の）スタック** と言います．図 2.1 では，スタックは (P -> Q) -> P です．スタック内の二つの型 (P -> Q), P には，コンテキストと違って名前がついていません．

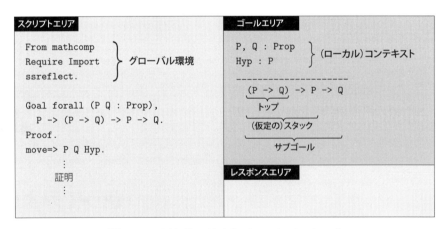

図 **2.1** スクリプト，サブゴール，スタック，トップ

---

[1] 対応する変数は束縛変数とよばれます．

2.2 モーダスポネンスの形式化

それではいよいよ，Coq/SSReflect/MathComp を実際に使っていきましょう．本節ではモーダスポネンスの形式化を通じて，Coq/SSReflect/MathComp の基本的な使い方を解説します．

CoqIDE を起動し，スクリプトエリアに次の文字列を入力してみましょう．

```
From mathcomp
 Require Import ssreflect.

Section ModusPonens.
Variables X Y : Prop.

Hypothesis XtoY_is_true : X -> Y.
Hypothesis X_is_true : X.

Theorem MP : Y.
Proof.
move: X_is_true.
by [].
Qed.

End ModusPonens.
```

このような Coq に読み込ませる文字列を**スクリプト**とよびます．入力が済んだら，スクリプトが正しく書けているか確認しましょう．CoqIDE の「↓」アイコンを複数回クリックします．クリックするたびに，成功するとスクリプトの背景が緑色に変化します．一方，スクリプトが間違っているとその位置に下線がつきます．その下線部，もしくはその周辺に書き間違いがあると考えられますので，確認してみてください．上のスクリプトの最後の行まで背景が緑色に変わったら確認終了です．「↑」アイコンを複数回クリックし，もとの状態に戻しましょう．

以下，本書では「↓」アイコンを **1 行読み込みボタン**と，「↑」アイコンを **1 行リセットボタン**とそれぞれよびます(→図 2.2)．

2.2.1 各行の動作：定理の読み込みまで

1 行読み込みボタンをクリックすると，スクリプト内の「.（ピリオド）」までの内容を Coq が読み込みます．逆に 1 行リセットボタンをクリックすると，ピリオド一つ分の内容を Coq が忘れます．

改めて 1 行読み込みボタンをクリックしてみましょう．レスポンスエリアに

図 2.2 CoqIDE のボタン

[Loading ML file ssreflect.cmxs ... done] とメッセージが表示されるはずです．これは Coq が SSReflect の読み込みに成功したという意味です．コマンド From mathcomp Require Import はライブラリを読み込む命令です．上のスクリプトではライブラリ群 mathcomp からライブラリ ssreflect を読み込んでいます．このライブラリを読み込むことで，定理証明支援系 Coq 上で証明言語 SSReflect を利用できるようになります．

補足 ▶ 複数のライブラリを読み込むこともできます．例としてライブラリ ssreflect とライブラリ div の二つを読み込む場合は，半角スペースを間に挟んで最後にピリオドを書きます．

```
From mathcomp
  Require Import ssreflect div.
```

もしくは複数行に分けて，

```
From mathcomp
  Require Import ssreflect.
From mathcomp
  Require Import div.
```

のように書きます．

　もう一度 1 行読み込みボタンをクリックすると，スクリプトエリアの Section ModusPonens. が緑色になり，レスポンスエリア内のメッセージが消えます．コマンド Section はスクリプトにセクション（節）を導入し，セクションで用いる変数，記号，補題などを宣言する命令です．数学書の**節**と同様に，この機能はスクリプトが長くなったときに大変便利です．この例ではセクション名を ModusPonens と名づけました．この命令は後述するコマンド End とともに改めて解説します．

　もう一度1行読み込みボタンをクリックすると，スクリプトエリアの Variables X Y : Prop. が緑色になり，レスポンスエリア内に

```
X is assumed
Y is assumed
```

というメッセージが表示されます．コマンド Variables は変数を宣言するための命令です◆1．この例を数学的に解釈すると，「セクション ModusPonens では，記号 X，Y は命題を表す」となります．コマンド Variable の一般的な用法は

```
Variable 変数名 : 型名.
```

もしくは

```
Variables 変数名  変数名 ... 変数名 : 型名.
```

です◆2．変数名が一つだけか，複数かに応じて使い分けます．このように書くと，各変数名は右側に書いた型をもつことの宣言になります．つまり，この例では要素 X Y が型をもつことを宣言しています．Prop は形式論理における命題に対応する型です．Coq/SSReflect/MathComp には，あらかじめいくつもの型が定義されています．ユーザ自身で独自の型を定義することもできます．

　もう一度 1 行読み込みボタンをクリックすると，スクリプトエリアの

```
Hypothesis XtoY_is_true : X -> Y.
```

が緑色になり，レスポンスエリアに XtoY_is_true is assumed と表示されます．コマンド Hypothesis はセクション内の仮定を設定するための命令です．コマンドの後に半角スペースを続け，さらに証明名，半角スペース，コロン，半角スペース，言明（もしくは型）と続けます．この例では，言明を X -> Y とし，その証明の名前を XtoY_is_true としました．

　ここで，命題の書き方に関して二つ注意します．一つ目は，X ならば Y の「ならば」はマイナス記号「-」と大なり記号「>」を続けて書いた「->」で表すことです．ここで - と > の間に空白を入れてしまうと，Coq に読み込ませた際にエラーメッセージが表示されます．二つ目は命題○○が真であることを，単に○○だけで表すことです．たとえば「X -> Y」は「X -> Y が真」の省略になっています．さらに言えば「(X が真 -> Y が真) が真」の省略になっています．

　もう一度 1 行読み込みボタンをクリックすると，命題 X（が真）の証明 X_is_true をもっていることが仮定されます．

　続いて，1 行読み込みボタンをクリックすると，スクリプトエリアの

```
Theorem MP : Y.
```

◆1 ここでは複数の変数を同時に宣言したため，Variables となっています．もし，一つの変数のみを宣言する場合，コマンドは Variable を用います．実は，複数形かどうかは Coq の動作に影響しません．人間にとっての読みやすさを向上させる機能として，Variable と Variables の両方のコマンドが用意されています．

◆2 スクリプト中の「...」は複数の変数があることを表しています．「...」の記号は実際には利用できません．もしもアルファベットの A から E までの記号を変数として利用したい場合は，Variables A B ... E のように略さず，すべてを列挙して Variables A B C D E と書きます．

が緑色になり，レスポンスエリア内のメッセージが消え，ゴールエリア内に

```
1 subgoal
X, Y : Prop
XtoY_is_true : X -> Y
X_is_true : X
--------------------------------------(1/1)
Y
```

が表示されます[1]．

コマンド Theorem は言明を宣言するための命令です．その一般的な用法は

Theorem 言明名　（要素名：型）　...　（要素名：型）　：言明．

です．この例では，言明の名前が MP，要素名は無し，言明が Y（が真）です．ここでは要素名はありませんが，必要に応じて追加することがあります（→ 2.4 節）．

現在のゴールエリアには，宣言された言明が表示されています．1 行目の 1 subgoal は，いま証明すべき言明が一つであることを表しています．証明すべき言明を**サブゴール**とよびます．Theorem コマンドにより言明を宣言したばかりなので，サブゴールは一つです．証明を進める過程で場合分けなどによりサブゴールが複数になることもあります．サブゴールが複数あるとき，たとえば四つあるときには 4 subgoals のように表示されます．

その次の行に書かれた X, Y : Prop は，記号 X と Y が Prop 型の要素であることを表しています．先ほど Variable コマンドで宣言されたものです．同様に XtoY_is_true : X -> Y と X_is_true : X はコマンド Hypothesis によって宣言された証明（要素）とその言明（型）です．

続く_____(1/1) は，大切な機能を有しています．横線とその右端に（自然数 n /自然数 m）という形式で表されます．この横線を**ゴールライン**とよびます．ゴールラインは，線より上と線より下を分ける機能をもちます．上側を**コンテキスト**，下側を**サブゴール**とよびます．サブゴールは**スタック**，**トップ**などの要素をもちます．これらが何を指すかについては図 2.1 をご覧ください．

Coq では，コンテキストに書かれた変数や仮定を用いてサブゴールを証明していきます．現在の例ではコンテキストは X, Y : Prop, XtoY_is_true : X -> Y, そして X_is_true : X です．また，サブゴールは Y です．ですから「X, Y を命題とし，$X \to Y$ と X がそれぞれ真であると仮定する．このとき Y が真であることを証明せよ」と解釈できます．

---

[1] Coq のバージョンにより表示内容が異なる場合もあります．

2.2.2　各行の動作：証明

　言明に続き，今度は証明の解説をします．再度 1 行読み込みボタンをクリックすると，スクリプトエリアの Proof. が緑色に変わりますが，他のエリアは変化しません．このコマンド Proof は，証明の開始位置をユーザにとって見やすくするためのものです．

　もう一度 1 行読み込みボタンをクリックすると，スクリプトエリアの move: X_is_true. が緑色に変わり，ゴールエリアが

```
1 subgoal
X, Y : Prop
XtoY_is_true : X -> Y
_____(1/1)
X -> Y
```

に変わります．スクリプトの move: は**タクティク**とよばれる命令の一つです．タクティクはゴールエリアを変化させる命令です．繰り返しタクティクを使うことで，サブゴールをより簡単な言明に変化させ，最終的に自明な言明を導ければ証明終了となります．Coq/SSReflect には数学の定理を証明するためのタクティクが用意されています．本書では第 3 章にてタクティクの使い方を解説します．タクティクの使い方をマスターすれば，紙上で記述するのが難しい証明でも Coq/SSReflect 上で証明できるようになります．

　タクティク move:（ムーブコロン）は，コンテキストにある型や事前に証明済みの補題をスタックのトップに追加する命令です．コンテキストの要素を追加するには，その要素名をタクティクに続けて書きます．スタックでは，指定された要素の型（コンテキストにおけるコロンの右側）が加わりますが，要素名などは反映されません．この例では move: X_is_true により，スタックが Y から X -> Y に変わりました．つまり，スタックのトップに X_is_true の型 X が追加されました．

　もう一度 1 行読み込みボタンをクリックすると，スクリプトエリアの by []. が緑色に変わり，ゴールエリアが

```
No more subgoals.
```

に変わります．この No more subgoals は証明すべきサブゴールがない，つまり，すべてのサブゴールが証明済みであることを意味します．スクリプト by [] は，数学書でいう「よって自明」を意味する命令です．とくに by は**ターミネータ**とよばれる特別な命令です．サブゴールの証明の終わりにターミネータを記述することで，証明が読みやすくなります◆1．

◆1　ターミネータにはほかにも done, exact などがあります．

一般に，ターミネータ by の後には，タクティクもしくは [] を続けます．前者は，そのタクティクによって証明が終了する場合に用います．後者は，サブゴールの証明がコンテキストにある場合などに用います．この例では，サブゴール X -> Y の証明 XtoY_is_true がコンテキストにあるため，by [] で証明が終了しました．

もう一度 1 行読み込みボタンをクリックすると，スクリプトエリアの Qed. が緑色に変わり，ゴールエリアのメッセージが消え，レスポンスエリアに

```
MP is defined
```

が表示されます．コマンド Qed. は証明の終了を Coq に改めて伝える命令です．Coq が証明を再検証し終えると，レスポンスエリアには言明の名前とそれに続いて is defined. が表示されます．ここでの is defined は「〜の証明を構成した」の意味だと捉えればよいでしょう．

最後に，もう一度 1 行読み込みボタンをクリックするとスクリプトエリアの End ModusPonens. が緑色に変わり，ゴールエリアとレスポンスエリアのメッセージが消えます．コマンド End はセクションの終わりを宣言する命令です．End の後に終了するセクション名を書きます．この命令で，セクション内での記号の意味や仮定をリセットします．

以上で冒頭に例示したスクリプトの解説を終わります．当たり前のことですが，言明の形式化法や証明方法は一通りではありません．Coq/SSReflect/MathComp の理解が進んだら様々な形式化に挑戦してください．

> 補足 ▶ たとえば，本節で解説したターミネータ by の使い方から，言明 MP には次のように証明を書けます．
>
> ```
> Theorem MP: Y.
> Proof. by move: X_is_true. Qed.
> ```
>
> 証明が短い 1 行で終わる場合には，その前後の Proof. と Qed. も一緒にまとめる文化があります．

2.2.3 スクリプトの保存

さて，ここまでのスクリプトをファイルとして保存しましょう．CoqIDE の保存ボタン（→図 2.2）を押してみましょう．ファイル保存のウィンドウが開きます．ウィンドウ上部の Name の欄にファイル名を指定し，右下の Save を押せば保存されます．ファイル名の拡張子は .v にしましょう．この拡張子はファイルが Coq のスクリプトであることを表すものです．Microsoft Windows 系のエクスプローラから .v ファイ

ルを開けば，自動的に CoqIDE が起動されファイルが開かれます．ファイルを保存するときは，保存先のディレクトリ名（フォルダ名）を忘れないようにしましょう．

無時に保存できたら，CoqIDE を終了しましょう．

▶ **本節のポイント**
- 命題に対応する型は Prop．
- -> の意味を覚えよう．
- コマンド From, Require Import, Section, Variable, Hypothesis, Theorem, Proof, Qed の意味と文法を覚えよう．
- タクティク move: の機能を覚えよう．
- ターミネータ by の使い方を覚えよう．
- 1 行読み込みボタン，1 行リセットボタンの機能を覚えよう．
- ファイルの保存方法を覚えよう．ファイルの拡張子を .v にしよう．

2.3 ヒルベルトの公理 S の形式化

本節では，言明「命題 A, B, C に対して，『A が真であるときに B ならば C も真であるとき，A ならば B が真ならば，A ならば C も真である』」の形式化，および，その証明の形式化を解説します．この言明は 1.2 節内の「カリー–ハワード同型対応の例」で取り上げた言明そのものです．1.2 節（p.10）にある自然演繹による証明をイラスト化した**証明図**，さらにそれに対応する型付きラムダ計算の図（p.13）と照らし合わせながら，本節の解説を読んでください．

2.3.1 ヒルベルトの公理 S

最初に，前節で保存したファイルを開きましょう．CoqIDE の上部のメニュー File をクリックし Open を選択します．そうすると Load file ウィンドウが現れます．ファイルを選択したら，右下の Open ボタンをクリックすることで，ファイル内のスクリプトが CoqIDE のスクリプトエリアに表示されます．

以下，言明と証明を形式化したスクリプトの例を提示します．先ほどのモーダスポネンスの形式化で書いた End ModusPonens. に続けて，次のスクリプトを書いてみましょう．注意として，左側に並んでいる数はスクリプトに含めないでください．これは，後の解説で参照しやすいようにつけた行番号です．

```
 1  Section HilbertSAxiom.
 2  Variables A B C : Prop.
 3
 4  Theorem HS1 : (A -> (B -> C)) -> ((A -> B) -> (A -> C)).
 5  Proof.
 6  move=> AtoBtoC_is_true.
 7  move=> AtoB_is_true.
 8  move=> A_is_true.
 9
10  apply: (MP B C).
11
12  apply: (MP A (B -> C)).
13  by [].
14  by [].
15
16  apply: (MP A B).
17  by [].
18  by [].
19  Qed.
20
21  End HilbertSAxiom.
```

スクリプトを正しく書けたか確認しましょう．ここでは 1 行読み込みボタンではなく，CoqIDE のアイコンで「↓」に下線の引かれたボタンをクリックしてみましょう（→図 2.3）．このボタンはスクリプトの最後の行まで Coq に読み込ませます．本書では**オール読み込みボタン**とよびます．成功するとすべてのスクリプトが緑色に変化します．スクリプトに間違いがあると下線がつきます．その下線部，もしくはその周辺に書き間違いがあると考えられます．今度は「↑」に上線の引かれたボタンをクリックしてみましょう．このボタンは Coq がどのスクリプトも読み込まなかった状態に戻します．本書では**オールリセットボタン**とよびます．

今度はスクリプトエリアに書いたスクリプト Section HilbertSAxiom. をクリックし，カーソルをそのスクリプトの終わりにあるピリオドの右側に移動させましょう．

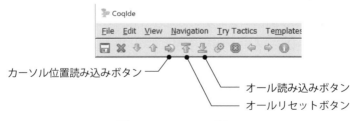

図 2.3　CoqIDE のボタン

そして，「→」の後ろに●が隠れたボタンをクリックしてみましょう．このボタンはカーソルの直前のピリオドまで Coq に読み込ませます．本書では**カーソル位置読み込みボタン**とよびます．成功するとスクリプトの最初から Section HilbertSAxiom. までが緑色に変わります．これでセクション名を HilbertSAxiom に設定できました．続く Variable A B C : Prop. を読み込むと，セクション HilbertSAxiom では，記号 A, B, C は命題を表すことになります．

次のスクリプト

```
Theorem HS1 : (A -> (B -> C)) -> ((A -> B) -> (A -> C)).
```

が言明「命題 A, B, C に対して，『A が真であるときに B ならば C も真であるとき，A ならば B が真ならば A ならば C も真である』」を形式化したものです．読み込むとこの言明に HS1 という名前がつき，ゴールエリア内に

```
1 subgoal
A, B, C : Prop
_____(1/1)
(A -> B -> C) -> (A -> B) -> A -> C
```

が表示されます．ここで表示されているサブゴールは (A -> B -> C) -> (A -> B) -> A -> C です．ところが Theorem コマンドで指定した言明は (A -> (B -> C)) -> ((A -> B) -> (A -> C)) でした．つまり括弧の使い方が変化しています．変化の理由は Coq の文法と機能にあります．Coq では A -> B -> C -> D と書かれた言明を，A -> (B -> (C -> D)) だと解釈します．ゴールエリアに表示するとき，Coq は積極的に括弧を省略します．ただし省略してしまうと意味が変わってしまう括弧は残します．以上の理由で，もとの言明の括弧が三つだけ省略されたのです．

仮定されている記号に注意してください．命題を表す記号が A, B, C の三つになっています．セクション ModusPonens で使った記号 X, Y が書かれていません．これは，End コマンドによりセクションを終了したこと，および，Section コマンドにより新しいセクションを開始したことで，記号の意味が再設定されたためです．このようにセクションごとに記号の使い方を設定できることは，Coq を数学書のような使い勝手に近づける工夫と言えます．

続いて証明を読み込んでいきましょう．スクリプト move => AtoBtoC_is_true. まで読み込むと，ゴールエリアが

```
1 subgoal
A, B, C : Prop
AtoBtoC_is_true : A -> B -> C
_____(1/1)
(A -> B) -> A -> C
```

に変わります．スクリプトの move=> はタクティクの一つです．タクティク move=>
（ムーブ矢印）は，ゴールエリアのトップ（サブゴールの一番左側の変数等）をコン
テキストに移動する命令です◆1．移動する際に，変数や証明の名前（型の要素名）を
指定できます．指定したい名前はタクティクの右側に記述します．この例ではトップ
(A -> B -> C) に対し，その証明の一つを AtoBtoC_is_true と名づけて，コンテキ
ストに移動しています．移動後は AtoBtoC_is_true : A -> B -> C と表されます．
これは 1.2 節で出てきた「言明 A -> B -> C には証明 AtoBtoC_is_true がある」や
「AtoBtoC_is_true は型 A -> B -> C をもつ」のことであり，Coq ではこのような
書き方をします．また，これは同節の形式論理での証明図（p.12）における一番下の
$\to_i$ や，型付きラムダ計算の図（p.13）における一番下の Lam に対応しています．形
式論理の図における ⊢ がゴールエリアの横線，⊢ の左側がコンテキスト，⊢ の右側が
サブゴールとそれぞれ対応しています．

続いてスクリプト move=> AtoB_is_true. と move=> A_is_true. を読み込むと，
ゴールエリアが

```
1 subgoal
A, B, C : Prop
AtoBtoC_is_true : A -> B -> C
AtoB_is_true : A -> B
A_is_true : A
_____(1/1)
C
```

に変わります．読み込まれた move=> AtoB_is_true. と move=> A_is_true. が，
証明図のどこに対応しているかそれぞれ確認してみてください．

今度は次のスクリプト apply: (MP B C). を読み込みましょう．ゴールエリアが

```
2 subgoals
A, B, C : Prop
AtoBtoC_is_true : A -> B -> C
AtoB_is_true : A -> B
A_is_true : A
_____(1/2)
B -> C
_____(2/2)
B
```

に変わります．ここで読み込まれた apply: (MP B C). は新しいタクティク apply:
（アプライコロン）で始まっています．タクティク apply: はコンテキストの要素や証

◆1　トップをコンテキストに移動する操作をポップと言います．

明済みの補題などをスタック全体に適用するための命令です．数学らしく解説すると，
補題「X -> Z」に証明 x があり，サブゴールが「Z」であれば，apply: x はサブゴー
ルを「Z」に変えます．これは Z の十分条件「X」に帰着するということです．

　apply: の使い方について 2 点補足します．1 点目として，補題「X -> Y -> W」に
証明 xtoytow があり，サブゴールが「Y -> W」であれば，apply: xtoytow はサブ
ゴールを十分条件「X」に帰着します．これはサブゴールである Y -> W を一つの命題
と考えればわかるでしょう．2 点目として，補題「X -> Y -> W」に証明 xtoytow が
あり，サブゴールが「W」であれば，apply: xtoytow はサブゴールを二つに変えます．
サブゴールの一つは「X」，もう一つは「Y」です．つまり，二つの十分条件「X」と「Y」
に帰着します．今回の apply: (MP B C). はサブゴール「C」を，二つのサブゴール
「B -> C」と「B」に分岐させたのです．

　では，タクティク apply: に指定された (MP B C) は何を表しているのでしょうか．
このようなとき，文字列の表す型や定義などを調べる方法があります．調べたい文字
列を選択し（マウスでドラッグしたり，Shift キーを押しながらカーソルを移動させる
ことで連続する文字列を選択できます），キーボードの Shift キーと Ctrl キーを押し
ながら（英語の）C（が書かれたキー）を押してください◆1．ここでは MP B C を調
べてみましょう．すると，レスポンスエリアに

```
MP B C
    : (B -> C) -> B -> C
```

と表示されます．これは MP B C が型 (B -> C) -> B -> C をもつことを意味しま
す．ですから，サブゴール「C」に apply: を用いることで二つのサブゴール「B -> C」
と「B」に分岐したのです．「Shift キー」+「Ctrl キー」+「C」は選択した文字列
の型を表示する機能をもちます．これは Check コマンドとよばれます．Check コマ
ンドを使う方法には，

1. 文字列を選択し，上のように三つのキーを同時に押す方法
2. 文字列を選択し，CoqIDE の画面上部にある Queries メニューの Check を選択
   する方法
3. スクリプトエリアに Check と書いた後に，型を調べたい文字列とピリオドを書い
   て読み込む方法

があります．

　では MP は何を表しているでしょうか．これは，読者の皆さんが前節で証明したモー

◆1　この組合せは Windows OS 上の CoqIDE で Coq を動作させたときに有効です．

ダスポネンスを表しています．前節ではモーダスポネンスの証明の際に，定理名を MP
としたのを確認してください．ですから，MP を指定することで，その後のスクリプト
にその定理を利用できたのです．MP を Check してみると

```
forall X Y : Prop, (X -> Y) -> X -> Y
```

という型をもつことが確かめられます．これは MP に続けて命題型の要素二つ（たと
えば B，C）を与えると命題（たとえば (B -> C) -> B -> C）を返す型であること
を意味します．ちなみに apply: (MP B) としても，つまり命題型の変数を一つしか
指定しなくても，同じ結果が得られます．これは，MP を使う前のサブゴールが C であ
ることから，二つ目の引数が C であることを一意に推測できるためです．こういった
推測を，形式化の分野では**推論**（inference）とよびます．

　命令 apply: (MP B C). によってサブゴールが二つに分岐しました．一つ目のサブ
ゴールは B -> C で，二つ目のサブゴールは B です．まずは一つ目のゴールに証明を
与えていきます．この分岐は証明図（p.12）を見るとよくわかります．三つある $\to_e$
のうち，下側の命令と対応しています．最初のサブゴールに対応しているのが $\to_e$ の
上段の左側にあたります．そこで apply: (MP A (B -> C)). を読み込むと，一つ目
のサブゴールが A -> B -> C と A の二つに分岐します．これも証明図と同様です．

　現在のサブゴールは A -> B -> C です．横線には (1/3) と表示されています．一
方，コンテキストを見ると言明 A -> B -> C の証明 AtoBtoC_is_true をもっていま
す．ですから証明は自明であり，by [] を読み込むことでサブゴールが一つ終わりま
す．これは証明図における四つの axiom のうちの一番左に対応しています．

　次のサブゴール A にも証明 A_is_true があるので，by [] を読み込むことでこの
サブゴールが終わります．

　後はこれまでと同様に apply: (MP A B). によってサブゴールを A -> B と A の二
つに分岐させ，それぞれの証明をすでにもっていることから各々に対して by [] を読
み込ませれば，サブゴールがなくなります．最後に Qed. を忘れずに読み込ませて証
明完了です．

2.3.2　別証明その 1

　Coq/SSReflect には証明をコンパクトに記述する方法が用意されています．
　次の言明 HS2 は先ほどの言明 HS1 と同じですが，証明が 2 行だけになっています．

```
1 Theorem HS2 : (A -> (B -> C)) -> ((A -> B) -> (A -> C)).
2 Proof.
3 move=> AtoBtoC_is_true AtoB_is_true A_is_true.
4 by apply: (MP B C); [apply: (MP A (B -> C)) | apply: (MP A B)].
```

2.3 ヒルベルトの公理Sの形式化

```
5 Qed.
```

　HS2の3行目は，HS1の6〜8行目をまとめたものです．タクティクmove=>に複数の名前を与えると，スタックのトップに一番左の名前をつけてコンテキストへ移動し，新たなトップに次の名前をつけてコンテキストへ移動するということを繰り返します．つまり，複数のmove=>をまとめることができます．

　HS2の4行目は，HS1の10〜18行目をまとめたものです．セミコロン（;）を使うことで複数のタクティクをつなげられます．「タクティク1；タクティク2；タクティク3．」と書けば，最初にタクティク1を，その結果すべてにタクティク2を，さらにその結果すべてにタクティク3を適用します．タクティクを適用した結果，サブゴールが複数に分岐する場合には，分岐したすべてのサブゴールに対して後続のタクティクを適用します．

　分岐したサブゴールに応じて異なるタクティクを適用したい場合には［，］を使うことができます．また，分岐した最初のサブゴールにはタクティク2 - Aを，二つ目のサブゴールにはタクティク2 - Bを適用したいときは

　　　［ タクティク2 - A | タクティク2 - B ］

と書きます．

　今回の例では，apply: (MP B C); [apply: (MP A (B -> C)) | apply: (MP A B)]により四つのサブゴールに分岐します．その四つとも自明なサブゴールです．そこでタクティクの最初にbyをつけることで，すべてのサブゴールが同時に証明されます．

2.3.3　別証明その2

　次の言明HS3も言明HS1，HS2と同じですが，証明にモーダスポネンスを使っていません．タクティクapply:を使わず，move系にこだわってみました．

```
1 Theorem HS3 : (A -> (B -> C)) -> ((A -> B) -> (A -> C)).
2 Proof.
3 move=> AtoBtoC_is_true AtoB_is_true A_is_true.
4 by move: A_is_true (AtoB_is_true A_is_true).
5 Qed.
```

　この証明も2行だけです．3行目はスタックからコンテキストへ名前をつけて移動する命令です．3行目を読み込んだら，4行目の (AtoB_is_true A_is_true) の型をチェックしてみましょう．型はBであることが確かめられます．タクティクmove:に対してコンテキストにある証明の名前を複数与えると，一番右の名前の型をスタックのトップに追加，右から2番目の名前の型をスタックのトップに追加，という具合に繰り返していきます．この例では，最初に (AtoB_is_true A_is_true) の型Bを

トップに追加してゴールを B -> C へ，次に A_is_true の型 A の型をトップに追加することでサブゴールを A -> B -> C へ変化させています．このサブゴールの証明は AtoBtoC_is_true としてコンテキストにあるので証明は自明です．そこでターミネータ by によって証明が終了します．

スクリプトを保存したら，CoqIDE を終了しましょう．

▶ **本節のポイント**

- スクリプトの読み込み（オープン）を覚えよう．
- 命題の括弧の省略を覚えよう．たとえば A -> B -> C で省略された括弧を再現できるようにしよう．
- move=>, apply: のそれぞれの機能を覚えよう．
- 型の確認方法（Shift + Ctrl + C, Check）を使いこなそう．
- 複数の move=>, move: をまとめる方法を身につけよう．

2.4 自然数と和の形式化

ここまでの 2.2 節と 2.3 節では論理式の形式化を扱ってきました．本節では自然数に関する命題を扱います．とくに，自然数の定義，自然数上の演算の定義，数学的帰納法，等式変形について述べます．

では CoqIDE を起動し，次のスクリプトを書いてください．ただし，前節までのスクリプトの続きではなく，新たなスクリプトとしてください．

スクリプト 2.1：自然数と和の形式化

```
1  From mathcomp
2        Require Import ssreflect ssrnat.
3
4  Section naturalNumber.
5
6  Lemma add0nEqn (n : nat) : 0 + n = n.
7  Proof. by []. Qed.
8
9  Lemma addn3Eq2n1 (n : nat) : n + 3 = 2 + n + 1.
10 Proof.
11 rewrite addn1.
12 rewrite add2n.
```

```
13  rewrite addnC.
14  by [].
15  Qed.
16
17  Fixpoint sum n := if n is m.+1 then sum m + n else 0.
18
19  Lemma sumGauss (n : nat) : sum n * 2 = (n + 1) * n.
20  Proof.
21  elim: n => [// | n IHn].
22  rewrite mulnC.
23  rewrite (_ : sum (n.+1) = n.+1 + (sum n)); last first.
24  rewrite /=.
25  by rewrite addnC.
26  rewrite mulnDr.
27  rewrite mulnC in IHn.
28  rewrite IHn.
29  rewrite 2!addn1.
30  rewrite [_ * n]mulnC.
31  rewrite -mulnDl.
32  by [].
33  Qed.
34
35  End naturalNumber.
```

2.4.1 自然数の形式化

スクリプトが書けたら，1行読み込みボタンを押してみましょう．成功すると2行目まで緑色に変わります．1行読み込みボタンは「．（ピリオド）」までを1行とみなすため，スクリプトの2行を同時に読み込みました．

ライブラリ ssrnat には，SSReflect における自然数に関する定義や定理がまとめられています．ssrnat を読み込むことで，Coq の標準ライブラリでは定義されていない記号や補題が利用できるようになります．

続いて6行目まで読み込みましょう．6行目は補題名が add0nEqn，コンテキストを n : nat，サブゴールを 0 + n = n とせよ，という命令です．実際，サブゴールが

```
1 subgoal
n : nat
_____(1/1)
0 + n = n
```

となります．ここで nat は型であり，数学的には自然数の集合に対応します．

nat の定義を確認するには，CoqIDE 内に表示されている nat を選択して「Shift

キー」+「Ctrl キー」+「P」を押します[*1]．選択する nat は，スクリプトエリアでもゴールエリアでもメッセージエリアでも，どこに表示されているものでもかまいません．選択するにはマウスを使ってドラッグすればよいでしょう．こうすることでメッセージエリアに

```
Inductive
nat : Set :=
  O : nat | S : nat -> nat
```

が表示されます．これが nat 型の定義です．Inductive は，この型が帰納的型とよばれる種類の型であることを述べています．帰納的型の詳細は 3.14 節で解説しますが，おおまかに述べると名前のとおり，帰納的に定義されている型です．nat : Set := は「nat 型の定義は以下」という意味です．そして O : nat | S : nat -> nat は，数学的にはよく知られた自然数の定義に相当します．| の左側は O が nat 型であること[*2]を，右側は nat 型の要素に S をつけたものも nat 型であることを，それぞれ意味します．このように帰納的型はいくつかの条件を |（パイプ）で区切って列挙して定義されます．また，列挙された条件外のものはその型に含めません．以上から，O, S O, S (S O), S (S (S O)) などが nat 型をもつことになります．そしてそれぞれ，自然数の 0, 1, 2, 3 に対応しています[*3]．ここからわかるように，Coq/SSReflect では 0 も自然数として扱います．日本の小・中学校で習う自然数の定義と異なるため，注意が必要です[*4]．また，S はサクセサー（後者関数）とよばれる写像です．集合論等で自然数を構成する際に学びます．直観的には，サクセサーは自然数を次の自然数へ対応させる写像です．

サブゴール 0 + n = n を証明する前に，+ と 0 の定義を調べましょう．+ のような記号が何を表しているか調べるには，CoqIDE の上部にある View メニューをクリックし，Display Notations のチェックを外します[*5]．チェックが外れると，ゴールエリアの表示が記号ベースではなく，関数ベースに変わります．実際，ゴールエリアが

```
1 subgoal
n : nat
_____(1/1)
eq (addn 0 n) n
```

[*1] この操作はコマンド Print に対応しています．関数や変数の定義を表示するコマンドです．詳しくは 3.11 節で解説します．
[*2] O はゼロではなくオーです．
[*3] こちらはオーではなくゼロです．
[*4] Coq が開発されたフランスでは，0 は自然数の一つです．
[*5] チェックを外すには Display Notations を選択します．再びチェックを入れるには，もう一度 Display Notations を選択します．

に変わります．この eq (addn 0 n) n が 0 + n = n の正体です．

　eq は等号 = に対応する関数です．a = b は eq a b を表す記法として Coq の標準ライブラリで定義されています．eq は二つの引数が同じであるときに True を返し，そうでないときに False を返します．一方，最初の引数 (addn 0 n) は 0 + n を表しています．n はコンテキストにある nat 型の変数であり，0 は nat の定義で出てきたもので 0 に対応しています．初出なのは addn であり，これが + に対応しています．a + b は addn a b を表す記法として ssrnat で定義されています．addn について，もう少し踏み込んで調べていきましょう．その前に，一旦 Display Notations にチェックを入れてサブゴールをもとの表記に戻しておきましょう．

　加法に相当する addn は，SSReflect/MathComp 内の ssrnat と Coq の標準ライブラリの Coq.Nat などを通じて次のように定義されています．

```
Nat.add =
fix add (n m : nat) {struct n} : nat :=
  match n with
  | 0 => m
  | p.+1 => (add p m).+1
  end
```

本当に知りたいのは addn の定義ですが，addn は Nat.add を用いて定義されていて[◆1]，本質的に同じ関数のため，ここでは Nat.add の解説をしていきます．

　定義を読み解いていきましょう．最初の 2 行

```
Nat.add =
fix add (n m : nat) {struct n} : nat :=
```

は，関数 Nat.add が二つの nat 型の引数を与えると nat 型を返す関数であることを宣言しています．とくに，二つの引数のうち前者を n，後者を m と記号をつけています．

　続く

```
match n with
| 0 => m
| p.+1 => (add p m).+1
end
```

は，第一引数 n に関する場合分けにより定義し，「$n = 0$ と表せるときは m を返す」「$n = p.+1$ と表せるときは (add p m).+1 を返す」という意味です．数学的に見ると，前者は「$0 + m := m$」として，後者は「$(p.+1) + m := (p+m).+1$」として解釈できます．ここで登場した記号 .+1 は，サクセサー S の記法の一つです．たとえ

[◆1] addn の定義は nosimpl addn_rec です．また addn_rec は Nat.add そのものです．

ば 0.+1 は S O の別表記であり，(0.+1).+1 は S (S O) の別表記です．S は Coq の標準ライブラリで定義されている記号であり，.+1 は SSReflect の ssrnat で定義されている記号です．スクリプトの 2 行目で ssrnat を読み込んだことで，記法 .+1 も使えるようになりました．このように addn(add) は最初の引数を nat 型の定義に従い 2 通りに分けて定義されています．さらに n = p.+1 のときは n + m := (p+m).+1 とすることで帰納的に定義しています．このように帰納的に諸定義を扱うことが Coq の特徴の一つになっています．

　自然数の加法がわかったところで，証明に戻ります．

　いま，サブゴールは 0 + n = n です．加法 addn（もしくは Nat.add）の定義からサブゴールの左辺は n だとわかり，右辺と一致しています．ですから証明は自明と考えられます．7 行目を読み込んで証明が終了することを確かめましょう．

　続いて別の言明の証明に移ります．9 行目まで読み込みましょう．ゴールエリアが

```
1 subgoal
n : nat
_____(1/1)
n + 3 = 2 + n + 1
```

に変わります．右辺には加法が 2 回現れていますが，これは左から順に適用されます．つまり，(2 + n) + 1 の括弧が省略されています．

　証明の方針として，両辺を ((n.+1).+1).+1 に変形します．これは両辺を S (S (S O)) に変形することと同じです．

　11 行目まで読み込みましょう．サブゴールが

```
n + 3 = (2 + n).+1
```

に変わります．rewrite は等式変形のためのタクティクです．3.6 節にて代表的な使い方をまとめています．11 行目は「補題 addn1 として証明された等式に従い，その等式の左辺に対応するサブゴールの項をその等式の右辺に置き換える」を意味しています．そこで，補題 addn1 が何か調べましょう．CoqIDE 内の addn1 と書かれた文字列を選択し「Shift + Ctrl + C」を押します．するとメッセージエリアに

```
addn1
     : forall n : nat, n + 1 = n.+1
```

と表示されます．これで言明が forall n : nat, n + 1 = n.+1 だとわかりました．等式の左辺は n + 1 ですが，変数 n : nat に forall がついていることで，nat 型の勝手な変数に置き換えることが許されます．一方，rewrite addn1 を読み込む前のサブゴールの右辺は 2 + n + 1 であり，これは (2 + n) + 1 と解釈できました．加法 Nat.add の型は nat -> nat -> nat であり，ここでは二つの引数が 2 : nat と

nですから，2 + n の型は nat となります[1]．2 + n が nat 型であることから，補題 addn1 の適用が可能となり，サブゴールを式変形できます．

続いて 12 行目まで読み込みましょう．サブゴールが

```
1 subgoal
n : nat
_____(1/1)
n + 3 = n.+3
```

に変わります．読み込んだ rewrite add2n. に現れている add2n の型は add2n : forall m : nat, 2 + m = m.+2 です．これによりサブゴールの右辺 (2 + n).+1 が (n.+2).+1 に置き換わります．ここで.+2 はライブラリ ssrnat で定義されている記号で，サクセサーを 2 回繰り返すことを意味します．一方，.+1 もサクセサーを表していました．ですから (n.+2).+1 = S (n.+2) = S (S (S n)) を意味します．さらにライブラリ ssrnat にて.+3 はサクセサーを 3 回繰り返す記号として定義されています．ですから補題 add2n により，(n.+2).+1 が n.+3 へと変形されたのです．

現在のサブゴールの左辺 n + 3 と右辺 n.+3 は，形は似ていますが意味は異なります．実際，左辺には加法が使われていますが右辺には加法はありません．右辺は n に対してサクセサーを 3 回作用させたものと解釈できます．誤解しやすいので注意しましょう．

13 行目まで読み込んでみましょう．サブゴールが

```
1 subgoal
n : nat
_____(1/1)
3 + n = n.+3
```

に変わります．ここで式変形に使った addnC は加法 addn が可換であることを意味する補題です．そこで「Shift + Ctrl + C」を使って型を表示させると，

```
addnC
     : ssrfun.commutative addn
```

であることがわかります．この型を見て，想像と違った読者がいるかもしれません．可換性であれば

```
forall n m : nat,
 n + m = m + n
```

と書かれるほうが自然に思えるからです．実は，次に見るように ssrfun.commutative addn はそのような式を意味しているのです．

---

[1] 先ほどの Nat.add の定義のところで解説しました．

ssrfun.commutative は SSReflect のライブラリ ssrfun で定義されている commutative を指しています．addnC は ssrfun.commutative の引数として加法 addn を指定しています．文字列 ssrfun.commutative を選択して「Shift + Ctrl + P」を押せば，メッセージエリアに

```
ssrfun.commutative =
fun (S T : Type) (op : S -> S -> T) =>
forall x y : S, op x y = op y x
     : forall S T : Type, (S -> S -> T) -> Prop

Arguments S, T are implicit
Argument scopes are [type_scope type_scope _]
```

と表示されます．fun (S T : Type) (op : S -> S -> T) => は，ssrfun.commutative が関数であり，その引数が二つの型 S, T と演算 op : S -> S -> T であることを意味しています．一方で，下のほうに Arguments S, T are implicit と書かれています．これは，引数 S, T は省略可能であることを意味しています．なぜ省略可能であるかと言うと，op : S -> S -> T を与えることで推論できるからです．補題 addnC では op として addn を与えています．ですから S, T のどちらも nat であると推論されます．引数が定まると，ssrfun.commutative は次の言明を返します．

```
forall x y : S, op x y = op y x
```

いま S が nat であり，op が addn ですから，返されるのは

```
forall x y : nat, x + y = y + x
```

となります．これは我々が期待する可換性の言明と一致しています．

さて，現在のサブゴールの左辺は 3 + n であり，右辺は n.+3 です．数学的に踏み込んで考えれば，左辺も n に対してサクセサーを 3 回作用させたものと解釈できます．ですから 14 行目により証明が終了します．

補足 ▶ ライブラリ ssrfun には可換性の言明を返す関数 commutative のほかに，結合性の言明を返す関数 associative，分配則の言明を返す関数 left_distributive, right_distributive など演算に関する様々な関数が定義されています．可換性のような一般的な性質は数学の形式化で度々現れます．特定の演算によらない形で定義されているおかげで，汎用的に利用できます（→ 6.1 節）．一方で，関数名を知らないと補題を探しづらいという短所もあります◆[1]．ライブラリ ssrfun を一読しておき，内容をある程度把握しておくと形式化の効率が上がります．

◆1 補題の探し方は，3.11 節で解説します．

2.4.2 $(0+1+2+\cdots+n) \times 2 = n(n+1)$ の形式化

今度は等式 $(0+1+2+\cdots+n) \times 2 = n(n+1)$ の言明と証明を形式化しましょう．
スクリプト 2.1 の 17 行目が $0+1+2+\cdots+n$ の形式化に相当します．コマンド Fixpoint は関数を帰納的に定義する命令です．ここでは関数名を sum とし，その型が nat -> nat となるように定義しています．ただし，型が何かは定義中には明記せず，Coq の推論機能を利用して定めています．sum n := は，関数 sum に引数 n を与えたときに返す値を := より右側で定義することを宣言しています．定義では条件式を用いています．if は条件式を満たす場合の返り値を then に続く項，満たさない場合の返り値を else に続く項とする命令です．いま条件式は n is m.+1 です．これは，nat 型の要素 n がある m : nat により m.+1 と表されるかどうかを判定し，もしそのように表せるならば，sum m + n を返します．数学的に考えれば $m = n-1$ とみなせるので，返り値は (sum (n-1)) + n だと考えられます．一方で条件を満たさないとき，つまり nat 型の定義によって n = 0 であるとき，返り値は 0 となります．ですから具体的に計算すると sum 0 = 0, sum 1 = sum 0 + 1 = 0 + 1, sum 2 = sum 1 + 2 = (0 + 1) + 2 = 0 + 1 + 2 であることがわかります．

スクリプト 2.1 の 19 行目まで読み込んでください．ゴールエリアが

```
1 subgoal
n : nat
_____(1/1)
sum n * 2 = (n + 1) * n
```

に変わります．記号 * は型 nat 上の関数 muln に対応しています．この記号は Coq の標準ライブラリや SSReflect の ssrnat などで定義されています．乗法 muln は，Ssreflect.ssrnat と Coq.Nat などを通じて次のように定義されています．

```
Nat.mul =
fix mul (n m : nat) {struct n} : nat :=
  match n with
  | 0 => 0
  | p.+1 => (m + mul p m)%coq_nat
  end
```

定義の読み方は加法と同様です．読者自身で読み解けると思います．
21 行目まで読み込みましょう．ゴールエリアが

```
1 subgoal
n : nat
IHn : sum n * 2 = (n + 1) * n
_____(1/1)
sum n.+1 * 2 = (n.+1 + 1) * n.+1
```

に変わります．elim: A は move: A; elim の省略形です．また elim はトップに対する数学的帰納法に相当するタクティクです．詳細は 3.5 節で解説します．Coq の nat 型の要素は $0, 1, 2, \ldots$ ですから，帰納法の基礎は 0 の場合になります．もし 21 行目を elim: n に置き換えると，サブゴールは

```
2 subgoals
--------------------------------------(1/2)
sum 0 * 2 = (0 + 1) * 0
--------------------------------------(2/2)
forall n : nat,
sum n * 2 = (n + 1) * n ->
sum n.+1 * 2 = (n.+1 + 1) * n.+1
```

に変わります．最初のサブゴールは $n = 0$ のときの言明，二つ目のサブゴールは任意の n に対し，n まで正しいときに $n.+1$ でも正しいという言明をそれぞれ表しています．

一つ目のサブゴールは関数 sum，乗法 *，加法 +，そして 0, 1, 2 などの定義から単純計算により確認できます．ですから by [] により証明できます．単純計算を実行する他の方法として，タクティク move にタクティカル => // を組み合わせた move=> // があります[1]．もし，21 行目を elim: n. move=> //. に置き換えれば最初のサブゴールが消えて，ゴールエリアが

```
1 subgoal
--------------------------------------(1/1)
forall n : nat,
sum n * 2 = (n + 1) * n ->
sum n.+1 * 2 = (n.+1 + 1) * n.+1
```

に変わります．この後，move=> n IHn. を読み込めば，ゴールエリアは

```
1 subgoal
n : nat
IHn : sum n * 2 = (n + 1) * n
--------------------------------------(1/1)
sum n.+1 * 2 = (n.+1 + 1) * n.+1
```

に変わります．実はこのゴールは，もともとのスクリプト 2.1 の 21 行目 elim: n => [// | n IHn]. を読み込んだときのゴールと一緒です．と言うのも，=> [// | n IHn] は，サブゴールが二つに分かれたときに，最初のサブゴールに => // を，二つ目のサブゴールに => n IHn を適用するということから同じ実行結果を得られるのです（→ **2.3.3 項**）．

---

[1] タクティカルは第 3 章で説明します．

22行目は乗算の可換性に関する補題mulnCを利用した式変形です．読み込むとサブゴールの左辺sum n.+1 * 2が2 * sum n.+1に変わります．右辺にも乗算がありますが適用されません．rewriteタクティクは等式変形の補題を適用できる最初の項だけを変形します．他の項に適用したい場合は，その旨を指示します．後述する，30行目がその例になっています．

23行目まで読み込みましょう．ゴールエリアが

```
2 subgoals
n : nat
IHn : sum n * 2 = (n + 1) * n
---------------------------------------(1/2)
sum n.+1 = n.+1 + sum n
---------------------------------------(2/2)
2 * (n.+1 + sum n) = (n.+1 + 1) * n.+1
```

に変わります．直前のゴールとの違いは，新たなサブゴールsum n.+1 = n.+1 + sum nが追加されたこと，二つ目のサブゴール2 * (n.+1 + sum n) = (n.+1 + 1) * n.+1が現れたことです．つまり追加された新たなサブゴールの等式に従って，直前のゴールが等式変形されました．

23行目の命令は大きく分けて二つあります．一つはrewriteに関するもの，もう一つはlast firstです．まず，前者のタクティクrewriteに(_ : A = B)を与えると，証明中のサブゴールに等式A = Bに基づく式変形が適用され，さらにサブゴールにA = Bが追加されます．この証明法は使い勝手がよいので，覚えておきましょう．続いて後者last firstはサブゴールの順番を変更する命令です．とくに，最後のサブゴールから最初のサブゴールへと順番を逆に並べます．

24行目（rewrite /=.）まで読み込みましょう．ゴールエリアが

```
2 subgoals
n : nat
IHn : sum n * 2 = (n + 1) * n
---------------------------------------(1/2)
sum n + n.+1 = n.+1 + sum n
---------------------------------------(2/2)
2 * (n.+1 + sum n) = (n.+1 + 1) * n.+1
```

に変わります．つまり一つ目のサブゴールの左辺sum n.+1がsum n + n.+1に変わりました．タクティクrewriteの引数として/=を指定すると，定義に従う程度の簡単な計算を行います．スクリプト17行目を見るとsum n.+1 = sum n + n.+1と定義していました．この等式どおりに式変形が行われたのです．

25行目まで読み込みましょう．ゴールエリアが

```
1 subgoal
n : nat
IHn : sum n * 2 = (n + 1) * n
============================(1/1)
2 * (n.+1 + sum n) = (n.+1 + 1) * n.+1
```

に変わります．サブゴールが一つ証明されました．どのような計算が行われたか確かめるため，ここで 25 行目にあるターミネータ by をとり rewrite addnC に変えてみます．するとサブゴールは

```
2 subgoals
n : nat
IHn : sum n * 2 = (n + 1) * n
============================(1/2)
n.+1 + sum n = n.+1 + sum n
============================(2/2)
2 * (n.+1 + sum n) = (n.+1 + 1) * n.+1
```

になります．このサブゴール n.+1 + sum n = n.+1 + sum n であれば，ターミネータで証明が終わるのも納得できます．ターミネータに続く rewrite addnC は加法の可換性を表す式変形であることは，すでに述べたとおりです．

26 行目まで読み込みましょう．ゴールエリアが

```
1 subgoal
n : nat
IHn : sum n * 2 = (n + 1) * n
============================(1/1)
2 * (n.+1 + sum n) = (n.+1 + 1) * n.+1
```

に変わります．mulnDr は右分配法則に関する等式です．数学的には $a*(b+c) = a*b+a*c$ を表します．muln が乗法 (MULtiplication on Natural number)，D が分配法則 (Distribution law)，そして r が右 (Right) をそれぞれ表します．最後の r を l に変えると左分配法則 $(a+b)*c = a*c+b*c$ に変わります．Coq では分配法則の向きも指定しないと，正しく式変形が行われません．紙上の数学では分配法則の向きはあまり意識されないため，注意しておくとよいでしょう．

27 行目まで読み込みましょう．ゴールエリアが

```
1 subgoal
n : nat
IHn : 2 * sum n = (n + 1) * n
============================(1/1)
2 * n.+1 + 2 * sum n = (n.+1 + 1) * n.+1
```

に変わります．サブゴールは変化していません．コンテキストの IHn が sum n * 2 =

(n + 1) * nから2 * sum n = (n + 1) * nに変わりました．タクティクrewrite
はinの後にコンテキストの要素を指定することで，その要素に等式変形を行えます．

28行目まで読み込みましょう．ゴールエリアが

```
1 subgoal
n : nat
IHn : 2 * sum n = (n + 1) * n
--------------------------------------(1/1)
2 * n.+1 + (n + 1) * n = (n.+1 + 1) * n.+1
```

に変わります．サブゴールの要素がコンテキスト内の等式IHnに従い，等式変形され
ました．タクティクrewriteの引数はすでに証明された補題だけではなく，コンテキ
ストの要素も指定できるという例になっています．

29行目まで読み込みましょう．ゴールエリアが

```
1 subgoal
n : nat
IHn : 2 * sum n = (n + 1) * n
--------------------------------------(1/1)
2 * n.+1 + n.+1 * n = n.+2 * n.+1
```

に変わります．タクティクrewriteの引数に「数!」と書くとその回数だけ等式変形
を適用できます．つまりこの例ではrewrite addn1 addn1 と同じ効果があります．

30行目まで読み込みましょう．ゴールエリアが

```
1 subgoal
n : nat
IHn : 2 * sum n = (n + 1) * n
--------------------------------------(1/1)
2 * n.+1 + n * n.+1 = n.+2 * n.+1
```

に変わります．タクティクrewriteの引数に[ ]を書き，そのなかにサブゴール中
の項を指定することで，その項を等式変形できます．この場合はn.+1 * n に対して
mulnC（乗法の可換性）を適用し，n * n.+1 に変形しました．[ ]中は項の一部を省
略することができます．省略するときは _（アンダースコア）をその位置に書きます．
もとのサブゴールで「項 * n」の形をしているものはn.+1 * n のみだったので，狙
いどおりに等式変形できました．

31行目（rewrite -mulnDl.）まで読み込みましょう．ゴールエリアが

```
1 subgoal
n : nat
IHn : 2 * sum n = (n + 1) * n
--------------------------------------(1/1)
(2 + n) * n.+1 = n.+2 * n.+1
```

に変わります．つまり 2 * n.+1 + n * n.+1 が (2 + n) * n.+1 に変わりました．
いま引数は -mulnDl です．この mulnDl は左分配法則 $(a+b)*c = a*c+b*c$ を
表します．通常，rewrite は引数に与えた等式の左辺にあたるものを右辺に置き換え
ます．しかし，引数の前に-（マイナス記号）をつけると，右辺にあたるものを左辺に
置き換えます．Coq では左辺と右辺をしっかり区別するので，注意が必要です．

ここまでくれば残りの by []. で証明が終了します．

▶ **本節のポイント**

- 型 nat の定義を覚えよう．
- 型 nat 上の関数名とその内容を覚えよう．nat 上の関数の定義の仕方を覚えよう．
- タクティク rewrite の使い方を覚えて，整理しよう．

2.5 論理式の形式化

本節では基本的な論理式の形式化を通じて，タクティク case，rewrite やコマン
ド Check，Locate などの使い方を解説します．

2.5.1 論理記号の表記

基本的な論理記号は Coq の標準ライブラリで定義されています．表 2.1 を参考に，
ぜひ，覚えておきましょう[1]．

表 2.1 論理記号の記法と関数名

一般的な呼称	紙・鉛筆ベースの記法	Coq/SSReflect 上の記法	関数名
否定	¬	~	not
論理積，連言	∧	/\	and
論理和，選言	∨	\/	or
含意	→, ⇒	->	forall _ :
同値	≡, ⇔	<->	eq
全称記号，全称量化子	∀	forall	forall
存在記号，存在量化子	∃	exists	ex (fun *1 => *2)

---

[1] Windows OS 上のバイナリ版をデフォルト設定でインストールしていれば，C:¥Coq¥lib¥theories¥Init¥Logic.v
がそのファイルです．

含意と存在記号の記法・関数名に関して補足します。

まず含意に関して、Coq 上の記法 A -> B に対し、Display Notation 機能をオフにすると forall _ : A, B と表示されます。カンマの前の forall _ : A と後の B に分けて捉えておくとよいでしょう。含意の意味に合わせて、A のどんな証明を与えられても B を真にできると解釈すれば、理解しやすいのではないでしょうか。たとえば (A -> B) -> C は、forall _ : forall _ : A, B, C の記法です。先に述べたように (A -> B) が forall _ : A, B であることを念頭におけば、この表示が「A -> B のどんな証明を与えられても C を真にできる」と読み解けるでしょう。

続いて存在記号に関して、Coq 上の記法 exists x, P x は ex (fun x => P x) を表します。fun は関数を定義するときに用いられる命令の一つです。この例では、変数 x に対して命題 P x が定めることを、x => P x と記述しています。ほかにも exists n : nat, n + 1 = n + n は ex (fun n : nat => eq (Nat.add n (S O)) (Nat.add n n)) を表します。存在記号の定義にある ex については、本節で後述します。

2.5.2　論理式の形式化

まず次のスクリプトを入力し、読み込みましょう。

```
From mathcomp
 Require Import ssreflect.

Set Implicit Arguments.
Unset Strict Implicit.
Unset Printing Implicit Defensive.

Section Logic.
```

ここから論理式の形式化を行っていきましょう。

まずは次の補題

> 「任意の命題 A, B に対し、『A ならば B が真』であれば『B の否定から A の否定が従う』」

を形式化し、上のスクリプトに続けて書いてください。補題名も読者自身で考えてみましょう。

形式化を行うときは、紙上で下書きすることが有効です。たとえば、「任意の命題 A, B に対し」をノートなどに書くときは「$\forall A, B:$ 命題」とするのが一般的です。そして「A ならば B が真」は「$A \Rightarrow B$」と書きます。「であれば」は「ならば」と同じ

意味と考えられるので「⇒」と書きます．「B の否定」は「$\neg B$」と書きます．「A の否定」も同様です．以上をまとめて

$$\forall A, B : 命題, \quad (A \Rightarrow B) \Rightarrow (\neg B \Rightarrow \neg A)$$

と紙上で表せます．

今度は Coq/SSReflect 上で表現する方法を考えましょう．

補題にするためには，最初に Lemma と書きます．続けてスペースを挿入してから，補題名を書きます．補題名は言明の内容を把握しやすく，覚えやすいものがよいでしょう．たとえば上記の言明は「対偶」に関するものなので，対偶の英単語 contraposition を意識して，contrap とします．読者は好きな名前をつけてみてください．

補足 ▶ 補題名にはルールがあります．たとえば，「!」などの記号は使えません．数字は冒頭には使えません．一方，半角の英字は小文字も大文字も使えます．また全角のひらがなや漢字も使えます．いろいろと試して体で覚えるとよいでしょう．

補題名を決めたら，その後にスペースと「：」（コロン）を続けます．

コロンの後にもう一度スペースを書き，言明を書きます．最初の「$\forall A, B :$ 命題，」は forall A B : Prop, と表せます．注意として，「forall の後にはスペースを入れる，変数を複数書くときはスペースで区切る」，「変数の後にコロンを書いてから型を書く」，「型の後に『,』（カンマ）を書く」などがあります．

続く $(A \Rightarrow B) \Rightarrow (\neg B \Rightarrow \neg A)$ は (A -> B) -> (~B -> ~A) と表せます．すでに本書で何度か出ていますが，含意 ⇒ は-> と表します．否定 ¬ は ~（チルダ）を命題の前につけて表します．また，Coq では「真である」を省略できます．そして，言明の後に「．」（ピリオド）をつけ忘れないように気をつけてください．

以上をまとめて

```
Lemma contrap : forall A B : Prop, (A -> B) -> (~B -> ~A).
```

と形式化できます．

この言明に対する証明の例を挙げます．

```
1 Proof.
2 rewrite /not.
3 move => A0 B0 AtoB notB.
4 by move /AtoB.
5 Qed.
```

2 行目の rewrite /not は前節では出なかった rewrite の使い方です．/（スラッ

2.5 論理式の形式化

シュ）の後に関数名を続けると，定義を紐解く[1]ことができます．一見，サブゴールに not の文字はありませんが，実は隠れています．否定の論理演算子~が関数 not の記法なのです[2]．Coq の標準ライブラリ内の Logic.v を読むと，not の定義は

```
Definition not (A:Prop) := A -> False.
```

と書かれています[3]．ですから，この証明の2行目を読み込むことで，ゴールエリアが

```
1 subgoal
_____(1/1)
forall A B : Prop,
(A -> B) -> (B -> False) -> A -> False
```

に変わります．定義を紐解くときは，適用できるすべての項が同時に紐解かれます．

続く3行目の move => A0 B0 AtoB notB．はタクティク move => を4回連続で行います．ポップされるのはスタックのトップです．この場合，最初にポップされるのは forall に続く A です．サブゴールの先頭が forall の場合，トップはそれに続く要素となるためです．その後ポップされるのは B, A -> B, B -> False と続きます．3行目を読み込むと，ゴールエリアは

```
1 subgoal
A0, B0 : Prop
AtoB : A0 -> B0
notB : B0 -> False
_____(1/1)
A0 -> False
```

に変わります．

4行目のタクティク move / （ムーブビュー）は，スタックのトップに対して補題を適用します．ただしタクティク apply での補題適用が十分条件への変換だったのに対し，タクティク move / は必要条件へ変換します．もしもトップが XXX であり，適用する補題が XXX -> YYY -> ... -> ZZZ であるなら，トップが YYY -> ... -> ZZZ に置き換わります．いまの場合，トップは A0 であり，適用する補題はコンテキストのAtoB : A0 -> B0 です．ですから，トップが B0 に置き換わります．つまりサブゴールが A0 -> False から B0 -> False に変わります．これはコンテキストの notB と一致しています．ですからターミネータ by で始まる4行目を読み込むことで証明が終わります．

---

[1] 定義の中身を見ることを，「紐解く」と表現します．
[2] サブゴールに~A とある場合に CoqIDE の View メニューから Display Notations のチェックを外すと，not A に変わります．このような方法で，記法の表す関数を調べられます．
[3] False は命題の偽を表します．Coq で False がどのように定義されているかは読者自身で確認してください．本書では 3.4.5 項にて解説します．

2.5.3 論理記号の形式化

今度は言明「命題（A かつ C）または（B かつ C）と，命題（A または B）かつ C は同値である」の証明を通じて，帰納的に定義された関数の証明中での扱い方を述べていきます．

「かつ」「または」「同値」を Coq/SSReflect の記法で表せば，それぞれ「/\」「\/」「<->」です．ですから上の言明は (A /\ C) \/ (B /\ C) <-> (A \/ B) /\ C と表せます．ここで用いた記号 A, B, C が命題であることを Coq に伝える必要があります．方法はいくつかあり，3 通り挙げておきます．

- 言明の最初に forall に続けて記号を明記する．
- 補題として書くとき，補題名の直後かつコロン「:」の前に記号を明記する．
- Variable 命令を使って記号を事前に宣言しておく．

一つ目の場合，言明を Lemma AndOrDistL : forall A B C : Prop, (A /\ C) \/ (B /\ C) <-> (A \/ B) /\ C. と書いたり，Goal forall A B C : Prop, (A /\ C) \/ (B /\ C) <-> (A \/ B) /\ C. と書いたりできます[1]．

二つ目の場合，Lemma AndOrDistL (A B C : Prop) : (A /\ C) \/ (B /\ C) <-> (A \/ B) /\ C. と書けます．これを読み込むと，コンテキストは A, B, C : Prop，サブゴールは (A /\ C) \/ (B /\ C) <-> (A \/ B) /\ C となります．

三つ目の場合，事前に Variables A B C : Prop. を読み込ませておくことで，Lemma AndOrDistL : (A /\ C) \/ (B /\ C) <-> (A \/ B) /\ C. のように補題中に変数を宣言せずに済みます．注意として，コマンド Variable はセクション内で利用するように心がけてください．そうすることで，セクションが終わった際に，その記号を別の意味で用いることができるようになります．そうでないと，宣言以降は同じ意味で記号を使うことになり，不便なことがあります．

今回は三つ目の方法を用いて解説します．下のスクリプトは前のスクリプトの続きに書いてください．とくに，Section Logic を閉じていないことに注意しましょう．

```
Variables A B C : Prop.

Lemma AndOrDistL : (A /\ C) \/ (B /\ C) <-> (A \/ B) /\ C.
```

ちなみに，このような同値性に関する補題を**解釈補題**とよびます．解釈補題は 3.7 節で解説するビュー機能を利用する際に活躍します．

それでは証明しましょう．

---

[1] コマンド Goal は言明を補題化せずに証明するときに用います．補題化されないため，後で適用できません．

スクリプト 2.2：論理記号の形式化

```
1  Proof.
2  rewrite /iff.
3  apply: conj.
4  -case.
5  +case=> AisTrue CisTrue.
6    by apply: conj; [apply: or_introl | ].
7  +case=> BisTrue CisTrue.
8    by apply: conj; [apply: or_intror | ].
9  -case=> AorBisTrue CisTrue.
10   case: AorBisTrue => [AisTrue | BisTrue].
11  +by apply: or_introl.
12  +by apply: or_intror.
13 Qed.
```

証明の 2 行目は記号 <-> が表す関数 iff の定義を紐解いています．XXX <-> YYY の定義は (XXX -> YYY) /\ (YYY -> XXX) です．定義を紐解くことで，論理記号 ⇔ が ∧ に変わります．

ここで∧の定義を確認しましょう．Logic.v を開くと

```
Inductive and (A B:Prop) : Prop :=
  conj : A -> B -> A /\ B
```

と書かれています．この Inductive は帰納的に定義する命令です．自然数を表す型 nat の定義に用いられていました(→ 2.4 節)．定義の最初の行を読むと

- 関数 and は二つの引数をとる．
- 二つの引数の型は Prop 型である．
- 関数 and が返す値の型は Prop 型である．

ことがわかります．次の行を読み解くと

- 仮に一つ目の引数を a，二つ目を b としたとき，a，b をもって記号 A ∧ B で表す型の値 conj a b を定める．

ことがわかります．帰納的な定義の条件につけられた名前は**識別子**とよばれます．型 nat の場合，二つの識別子がありました．それらは O と S でした．関数 and の識別子は conj だけです．conj は証明中に登場する機会が多いので，ぜひ，覚えておきましょう．

識別子は補題や関数のように利用できます．サブゴールが XXX ∧ Y だけのとき，apply: conj を読み込ませることで，二つのサブゴール XXX と YYY へと変形できま

す．証明 3 行目の apply: conj. はその例です．サブゴールが

```
_____(1/1)
(A /\ C \/ B /\ C -> (A \/ B) /\ C) /\
((A \/ B) /\ C -> A /\ C \/ B /\ C)
```

から

```
_____(1/2)
A /\ C \/ B /\ C -> (A \/ B) /\ C
_____(2/2)
(A \/ B) /\ C -> A /\ C \/ B /\ C
```

へ変わります．

　証明 4 行目は -case. です．ここで 1 行読み込みボタンを使うと - だけ読み込まれます．この - (マイナス記号)は演算記号ではありません．インデントのための記号です[◆1]．

> **補足 ▶** 行の冒頭にインデント記号をつけることで，人間にとって証明を読みやすくできます．たとえば，場合分けが発生した際にインデント記号をつけておくと，どこからどこまでがサブゴールの一つの証明にあたるかが区別しやすくなります．今回の証明を見ると，最初の -case から次の -case の直前までがサブゴール (1/2) の証明，それ以降がサブゴール (2/2) の証明になっています．インデント記号は 3 種類用意されています．それらは - (マイナス)，+ (プラス)，そして * (アスタリスク) です．線 (画数) が一つずつ増えています．分岐したサブゴールがさらに分岐するときに，線の数の多い記号を用いるとよいでしょう．今回の証明でも，2 回目の分岐に + を用いています．

　インデント記号に続く case (ケース) は場合分けを行うタクティクです．読み込む前のトップが「$A \wedge B$ または $B \wedge C$」のとき，case を読み込むことでトップが「$A \wedge B$」のサブゴールとトップが「$B \wedge C$」のサブゴールに分岐します．Coq/SSReflect は，場合分けを帰納的な定義に基づき処理します．そこで，いま場合分けの対象となった関数 or (\/) の定義を確認しましょう．Logic.v を紐解くと

```
Inductive or (A B:Prop) : Prop :=
  | or_introl : A -> A \/ B
  | or_intror : B -> A \/ B
```

と書かれています．ですから，関数 or が帰納的に定義されていることがわかります．定義は二つの識別子 or_introl，or_intror の表す項で構成されています．感覚的には，or_introl は「命題 XXX が真であれば，命題 $XXX \vee YYY$ も真である」を，or_intror は「命題 YYY が真であれば，命題 $XXX \vee YYY$ も真である」をそ

[◆1] インデントとは，字下げを意味します．文章の頭につける空白などを指します．

れぞれ意味するように定義されています．タクティク case はサブゴールのスタックのトップが XXX \/ YYY のとき，そのサブゴールを二つに分岐させ，前者のトップを XXX に，後者のトップを YYY に置き換えたのです．より一般的に述べると，タクティク case はトップが帰納的に定義されているときに，その識別子の数だけサブゴールを分岐させ，それぞれのトップを識別子に従い置き換えます．

それではサブゴール A /\ C -> (A \/ B) /\ C の証明を進めていきましょう．スクリプト 2.2 では 5 行目に +case=> AisTrue CisTrue. が続きます．まず，インデント記号の + があります．サブゴールがさらに分岐したため，インデントをつけました．続く case=> AisTrue CisTrue は case. move=> AisTrue CisTrue の省略形です．タクティク case にタクティカル => をつけた case => (ケース矢印) は，他のタクティク[1]と同様に move=> を続けたことになります．タクティク case はトップに対して作用します．いまトップは A /\ C, つまり and A C です．先ほど述べたとおり，関数 and の識別子は conj 一つだけです．ですから，タクティク case によってサブゴールが増えることなくトップ A /\ C が置き換わり，サブゴールが A -> C -> (A \/ B) /\ C となります．そこで move=>AisTrue CisTrue. が続くことでゴールエリアは

```
3 subgoals
A, B, C : Prop
AisTrue : A
CisTrue : C
_____(1/3)
(A \/ B) /\ C
_____(2/3)
B /\ C -> (A \/ B) /\ C
_____(3/3)
(A \/ B) /\ C -> A /\ C \/ B /\ C
```

となります．

サブゴールは (A \/ B) /\ C, つまり「$A \lor B$ かつ C が真」です．この「かつ」を除きたいのですが，今度はタクティク case が使えません．なぜなら，サブゴールに一つの項しかないので，トップに作用するタクティクは使えないからです．このような場合，タクティク apply: を利用します．関数 and の定義を構成した識別子 and は conj : A -> B -> A /\ B でした．ですから，apply: conj を読み込むとサブゴールが二つに分岐し，一つは A \/ B, もう一つは C になります．どちらのゴールも項が一つだけです．後者「C」はコンテキストに証明 CisTrue : C があります．一方，前者「A \/ B」は関数 or の識別子 or_introl : A -> A \/ B をタクティク apply:

---

[1] apply, rewrite, elim など．

で適用することで，A に変えられます．これもコンテキストに証明 AisTrue : A があります．ですから 6 行目の by apply: conj; [apply: or_introl |]．によってサブゴール (A \/ B) /\ C の証明が終わります．

次のサブゴール B /\ C -> (A \/ B) /\ C もほぼ同様に証明できます．ですから，次のスクリプト（スクリプト 2.2 の 7，8 行目）

```
+case=> BisTrue CisTrue.
  by apply: conj; [apply: or_intror | ].
```

が証明になっていることを読者自身で読み解いてみてください．

残りのサブゴールは一つだけで，ゴールエリアは

```
1 subgoal
A, B, C : Prop
======================================(1/1)
(A \/ B) /\ C -> A /\ C \/ B /\ C
```

です．トップに関数 and（/\）があるのでタクティク case で変形できます．スクリプト 9 行目の case=> AorBisTrue CisTrue. を読み込むと，ゴールエリアが

```
1 subgoal
A, B, C : Prop
AorBisTrue : A \/ B
CisTrue : C
======================================(1/1)
A /\ C \/ B /\ C
```

に変わります．

続く case: AorBisTrue はタクティク case:（ケースコロン）に引数 AorBisTrue を与えたものです．他のタクティクと同様，move: AorBisTrue と case の組合せです．コンテキストの A \/ B をサブゴールのトップとして移動することで，タクティク case が利用可能になります．利用するとサブゴールが二つに分岐し，最初のトップは A に，二つ目のトップは B になります．そこで，10 行目の case: AorBisTrue => [AisTrue | BisTrue]. を読み込むことで，ゴールエリアは

```
2 subgoals
A, B, C : Prop
CisTrue : C
AisTrue : A
======================================(1/2)
A /\ C \/ B /\ C
======================================(2/2)
A /\ C \/ B /\ C
```

に変わります．二つのサブゴールが同じですが，それぞれのコンテキストが異なります．前者には AisTrue : A があり，後者には BisTrue : B があります．現在のコンテキストのみが表示されることに気をつけましょう．

これ以降の 2 行は，ここまで解説してきたことで説明できます．読者自身で読み解いてみましょう．

2.5.4　述語論理の形式化

今度は全称量化子 ∀ や存在量化子 ∃ を含む言明の形式化をしましょう．

次は述語論理における**ド・モルガンの法則**とよばれる言明の一つです．

$$\neg \exists x P x \iff \forall x \neg P x$$

この言明を形式化するには，x と P が何を表すかを考えなければなりません．P は命題関数であり，x はその引数です．また，x はできるだけ一般的な対象であることが望ましいでしょう．そこで，次のように形式化してみました．

```
Lemma JDM (T : Type) (P : T -> Prop):
    ~(exists (x : T), P x) <-> forall x, ~(P x).
```

補題名の J は述語論理から，DM はド・モルガンからとりました．命題関数 P の引数 x を一般的な型 T : Type に対する x : T としました．こうすると，命題関数を P : T -> Prop と形式化するのは自然なアイデアとなります．命題記号 ∀, ∃ は表 2.1 を参照して形式化するのがよいでしょう．

次の証明を考えてみました．

```
1 Proof.
2 apply: conj => Hyp.
3 -move=> x0 HPx0.
4   apply: Hyp.
5   by apply: (ex_intro P x0).
6 -by case.
7 Qed.
```

証明の 2 行目が apply: conj で始まっています．しかし，サブゴールにあるのは <-> であって，/\ ではありません．この <-> の定義を Logic.v で調べると

```
Notation "A <-> B" := (iff A B) : type_scope.
```

と書かれています．そこで iff の定義を見ると

```
Definition iff (A B:Prop) := (A -> B) /\ (B -> A).
```

と書かれています．つまり，XXX <-> YYY という項は (XXX -> YYY) /\ (YYY -> XXX)

を表しているので，関数 and の構成子 conj をタクティク apply: で適用できるのです．2 行目の apply: conj => Hyp. を読み込むと，ゴールエリアが

```
2 subgoals
T : Type
P : T -> Prop
Hyp : ~ (exists x : T, P x)
--------------------------------------(1/2)
forall x : T, ~ P x
--------------------------------------(2/2)
~ (exists x : T, P x)
```

に変わります．

　一つ目のサブゴールのトップは forall x : T です．全称量化子のついた変数のポップにはタクティク move=> を用います．すなわち move=> x0 を読み込めばコンテキストに x0 : T が追加され，サブゴールが ~ P x0 に変わります．このサブゴールが表すのは P x0 -> False ですから，さらに move=> HPx0 を読み込めば，コンテキストに HPx0 : P x0 が追加され，サブゴールが False に変わります．

　同様にコンテキストの Hyp も exists x : T, P x -> False を表します．ですから 4 行目の apply: Hyp. までスクリプトを読み込むと，ゴールエリアが

```
2 subgoals
T : Type
P : T -> Prop
x0 : T
HPx0 : P x0
--------------------------------------(1/2)
exists x : T, P x
```

に変わります．

　存在量化子の exists を Logic.v で調べると，関数 ex の記法であることがわかります．そして関数 ex の定義は

```
Inductive ex (A:Type) (P:A -> Prop) : Prop :=
  ex_intro : forall x:A, P x -> ex (A:=A) P.
```

と帰納的に定義されていて，その構成子は ex_intro 一つです．スクリプト 5 行目の apply: (ex_intro P x0) はこの構成子を適用するためのものです．ここで ex_intro の引数を確認しましょう．一つ目は P，二つ目は x0 です．これらは関数 ex の定義に出てくる引数 (P:A -> Prop) と forall x:A にそれぞれ対応します．一方で，定義を考察すると，第 1 引数として A:Type が必要に見えます．改めて ex の定義をコマンド Print もしくは「Shift + Ctrl + P」で調べると，

```
For ex: Argument A is implicit
```

という記述が見つかります．Argument は日本語で「引数」という意味で，implicit は「暗黙の」とか「暗に」という意味です．意訳すると「引数 A は（他の引数等から）推論する」ということです．今回は命題関数 P の定義域，変数 x0 の型から A : Type にあたるものが T : Type であることが推論できるため，省略できたのです．そこで apply: (ex_intro P x0) を読み込むとサブゴールが P x0 に変わります．ですからスクリプト 5 行目の by apply: (ex_intro P x0). によって最初のサブゴールが証明されます．

次のサブゴールは

```
1 subgoal
T : Type
P : T -> Prop
Hyp : forall x : T, ~ P x
_____(1/1)
~ (exists x : T, P x)
```

です．このサブゴールは否定を表す ~（チルダ）で書かれていて，その意味は (exists x : T, P x) -> False でした．ですから，トップは帰納的に定義された exists とみなせるので，タクティク case が使えます．実際に使うと，構成子 ex_intro に従ってトップが置き換わり，サブゴールは forall x : T, P x -> False となります．これはコンテキストの Hyp です．そこでスクリプト 6 行目の by case. によって証明が終わります．

2.5.5 排中律の形式化

古典論理で用いられる仮定の一つに**排中律**があります．排中律とは「任意の命題 P に対し，P または $\neg P$ のどちらかが真である」ことを意味します．直観論理などでは排中律は仮定されません．Coq の論理体系でも同様です．そこで，古典論理の体系で形式化をしたいときには，排中律を自ら導入する必要があります．

次のスクリプトを読み込みましょう．

```
Hypothesis ExMidLaw : forall P : Prop, P \/ ~P.
```

このスクリプト以降，コンテキストに ExMidLaw : forall P : Prop, P \/ ~P が追加されます．たとえば，次の言明

```
Lemma notnotEq (P : Prop): ~ ~ P -> P.
```

を読み込むと，ゴールエリアは

```
1 subgoal
ExMidLaw : forall P : Prop, P \/ ~ P
P : Prop
_____(1/1)
~ ~ P -> P
```

となります.この言明は排中律を使って証明できます.証明の例は

```
Proof.
move=> HnotnotP.
-case: (ExMidLaw (~ P)).
 +by move /HnotnotP.
 +by case: (ExMidLaw P).
Qed.
```

です.証明中のタクティク等の使い方はこれまでに解説してきたため省略します.Hypothesis がセクション内で用いられたとき,セクションを閉じることで,それ以降のコンテキストに導入されなくなります.セクションを閉じるには End コマンドにセクション名を続ければよく,本節の場合は

```
End Logic.
```

を読み込むことで実現できます.

▶ 本節のポイント

- 論理記号の Coq/SSReflect 上での記法と関数名を覚えよう.また,それらの定義に現れる構成子を覚えよう.
- 論理式の形式化に挑戦しよう.
- タクティク move/ の使い方を覚えよう.ただし,このタクティクには複数の使い方があるため,3.7 節を読み,本節での使い方とそれ以外の使い方を混同しないように気をつけよう.
- コマンド Variable の使い方を覚えよう.
- タクティク rewrite/ の使い方を覚えよう.
- インデントの種類を覚えよう.
- タクティク case の使い方を覚えよう.そして構成子を使った apply: との違いを整理しよう.
- これまでに出てきた関数等の定義でどのような引数が implicit として扱われるか確認してみよう.
- コマンド Hypothesis の使い方を覚えよう.

▶ 第 2 章　演習問題

問 2.1　第 1 章で取り上げた三段論法の証明のスクリプトを解説せよ．

問 2.2　第 1 章で取り上げた三段論法の証明よりも短い証明スクリプトを作成せよ．

問 2.3　タクティク mode: では引数を右から処理するのに，タクティク mode=> は左から処理するのはなぜか考察せよ．

問 2.4　CoqIDE のメニューの下側にある 12 個のアイコンの機能を説明せよ．

問 2.5　本章で挙げたスクリプトを途中まで実行し，コンテキストにある変数・仮定などの名前を変更してから，最後まで証明せよ．

問 2.6　Coq における自然数の加減乗除の定義を調べよ．また，加減乗除の記号の現れる言明を形式化し，証明を与えよ．

問 2.7　ド・モルガンの法則として知られる言明「$\neg(A \wedge B) \iff \neg A \vee \neg B$」とその証明を形式化せよ．

問 2.8　述語論理のド・モルガンの法則として知られる言明「$\neg(\forall x, Px) \iff \exists x, \neg(Px)$」とその証明を形式化せよ．

3

命令

　本章では，Coq/SSReflect/MathComp の主な命令を学びます．代表的なタクティクたちの使い方に慣れることで，形式化の心強い仲間にしていきましょう．

3.1 タクティク，タクティカル，コマンド，クエリー

タクティク，タクティカル，コマンド，そして**クエリー**はスクリプトの主たる構成要素です(→表 3.1)．

タクティクは，コンテキストやサブゴールを変形する命令です．SSReflect には代表的なものに move, apply, case, elim, rewrite, have, suff, wlog, pose, set, unlock, congr といったものが用意されています．また，Coq のタクティクの一部は SSReflect 上で利用可能です．例として split, left, right などがあります．タクティクのなかには**タクティカル**と組み合わせて使うことで，本来とは別の機能をもつタクティクに変えられるものがあります．タクティカルの例として:, =>, in, [| ... |], do, first, last, by [], by などがあります．

コマンドは，タクティクでもタクティカルでもない命令の総称です．原則，スクリプトを構成する行の先頭に書かれます．例として Require Import, Scope, Variable, Inductive, Fixpoint, Definition, Set, Unset などがあります．

クエリーは，形式化の命令ではなく，Coq へ一時的に問い合わせるための命令です．スクリプトの完成時には削除されるべきものです．

表 3.1　第 3 章で説明する Coq/SSReflect の命令

- SSReflect タクティク
  move　(→ 3.2 節)
  apply　(→ 3.3 節)
  case　(→ 3.4 節)
  elim　(→ 3.5 節)
  rewrite　(→ 3.6 節)
  move/, apply/等　(→ 3.7 節)
  have　(→ 3.8.1 項)
  suff　(→ 3.8.2 項)
  wlog　(→ 3.8.3 項)

- Coq タクティク
  split　(→ 3.16.1 項)
  left　(→ 3.16.2 項)
  right　(→ 3.16.2 項)
  exists　(→ 3.16.3 項)

- コマンド
  Definition　(→ 3.9.1 項)
  Lemma　(→ 3.9.2 項)
  Fixpoint　(→ 3.9.3 項)
  Abort　(→ 3.12.1 項)
  Admitted　(→ 3.12.2 項)
  Variable　(→ 3.13.1 項)
  Hypothesis　(→ 3.13.2 項)
  Axiom　(→ 3.13.3 項)
  Section　(→ 2.2 節)
  Inductive　(→ 3.14 節)
  Record　(→ 3.15.1 項)
  Canonical　(→ 3.15.2 項)

- クエリー
  Compute　(→ 3.10 節)
  Check　(→ 3.11.1 項)
  About　(→ 3.11.2 項)
  Print　(→ 3.11.3 項)
  Search　(→ 3.11.4 項)
  Locate　(→ 3.11.5 項)

3.2 タクティク move=>, move:, move: =>, move/

タクティク move=>, move: はサブゴールとコンテキスト間の型・変数・関数などを移動します(→表 3.2).

表 3.2 タクティク move とその意味

タクティク	意味
move=> H1 H2 ... Hn.	スタックの左から順に H1, H2, ..., Hn と名づけてコンテキストへ移動する.
move: H1 ... Hn-1 Hn.	コンテキスト内に H1, ..., Hn-1, Hn がすべてあれば，最初に Hn を，続いて Hn-1 を，最後に H1 をサブゴールのトップに加える.
move: A1 A2 ... An => B1 B2 ... Bm.	move: A1 A2 ... An に続いて move=> B1 B2 ... Bm を実行する.
move/ H1.	3.7 節参照.

3.2.1 タクティク move=> —— スタックからコンテキストへのポップ

タクティク move=> はトップに名前をつけて，コンテキストに追加します．図 3.1 はその実行例です．この例では，はじめのサブゴールとして次の言明を考えています．

```
forall P Q : Prop, (P -> Q) -> P -> Q
```

コンテキストは空で，スタックには四つの項があります．それらは，Prop 型の要素の P と Q，さらに P -> Q と P です．ただし最初の P, Q には forall がついています. forall のついた変数を**束縛変数**とよびます.

いま，トップは forall で束縛された P です．タクティク move=> P を実行すると，スタックから forall P が消え，ローカルコンテキストに P : Prop が追加されます．結果を図 3.1 の右側に書いています.

束縛変数に対してタクティク move=> を用いると，コンテキストに「変数名：変数の型」が追加され，forall が消えます．この例では，コンテキストにある P : Prop の P は型ではなく Prop 型の変数名を表しています.

コンテキストへ移動する際の変数名はサブゴールでの型名と同じにする必要はあり

図 3.1 タクティク「move=>」の実行例 1

ません．証明の読みやすさを考慮して工夫するとよいでしょう．もしも先ほどの変数名を hoge にしていたら，ゴールエリアは

```
hoge : Prop
-------------------
forall Q : Prop,
  (hoge -> Q) -> hoge -> Q
```

となり，読みづらくなるかもしれません．適切に名前をつけることで，スクリプトの可読性が上がり管理が簡単になります．SSReflect ではわかりやすい名づけが推奨されています．

move=> には複数の引数を与えられます．最初のサブゴールに対して move=> P Q PQisTrue. を実行すると，図 3.2 の結果を得ます．

ゴールエリア（前）	タクティク	ゴールエリア（後）
------------------- forall P Q : Prop, (P -> Q) -> P -> Q	move => P Q PQisTrue.	P, Q : Prop PQisTrue : P -> Q ------------------- P -> Q

図 3.2 タクティク「move=>」の実行例 2

タクティク move=> の対象が束縛変数ではなく型であるとき，コンテキストには「証明名：型」が追加されます．この例では，型 P -> Q が表す言明「命題 P ならば Q が真である」には証明 PQisTrue があると解釈できます．

3.2.2 タクティク move: —— スタックのトップにプッシュ

タクティク move: はコンテキストの要素をスタックのトップにプッシュする命令です．move=> タクティクの逆操作と言えます．図 3.3 はタクティク move: の実行例です．例として，move: P を実行するとコンテキストから P を消し，スタックのトップに追加します．この操作を**プッシュ**とよびます．図 3.1 と見比べることで，逆操作の意味が読み取れるのではないでしょうか．

ゴールエリア（前）	タクティク	ゴールエリア（後）

P : Prop
------------------ 	
forall Q : Prop,
  (P -> Q) -> P -> Q
	move: P.	------------------
		forall P Q : Prop,
		  (P -> Q) -> P -> Q

図 **3.3** タクティク「move:」の実行例

3.2.3 タクティク move: => ——move の組合せ

タクティク move: =>は move:と move=>の組合せです．move: A1 A2 ... An => B1 B2 ... Bm を実行すると，最初に move: A1 A2 ... An を実行し，続いて move=> B1 B2 ... Bm を実行します．図 3.4 はその実行例です．このように，コンテキストの要素の名前を変えるときに便利です．

ゴールエリア（前）	タクティク	ゴールエリア（後）

hogehoge : Prop
------------------ 	
forall Q : Prop,
  (hogehoge -> Q)
    -> hogehoge -> Q
	move:hogehoge => P.	P : Prop
		------------------ 	
		forall Q : Prop,
		  (P -> Q) -> P -> Q

図 **3.4** タクティク「move: =>」の実行例

■ **タクティク** move/

3.7 節にて解説します．

3.3　タクティク apply, apply=>, apply:, apply: =>, apply/

タクティク apply はサブゴール「(P -> Q) -> Q」を「P」に変形する命令です(→**表 3.3**)．つまり，サブゴールからトップを除いたものに対してトップを適用します．タクティク apply:, apply=> はタクティク apply に対してタクティカル :, => を組み合わせたものです．

表 3.3 タクティク apply とその意味

タクティク	代表的な使い方
apply.	サブゴールにおいて，トップが（P1 -> P2 -> ... -> Pm）であり，トップより右側が（P1 -> P2 -> ... -> Pn）であるとき，現在のサブゴールを m 個のサブゴール P1, P2, ..., Pm に変形する．ただし $0 \leq m \leq n$ とする．とくに，$m = 0$ のとき，そのサブゴールの証明が終わる．
apply=> H1 H2 ... Hn.	タクティク apply に続いて move=> H1 H2 ... Hn を実行する．
apply: H1 H2 ... Hn.	move: H1 H2 ... Hn に続いて apply を実行する．
apply: A1 A2 ... An => B1 B2 ... Bm.	move: A1 A2 ... An に続いてタクティク apply を実行し，さらに move=> B1 B2 ... Bm を実行する．
apply/ H1.	3.7 節参照．

3.3.1　タクティク apply —— トップの適用

タクティク apply はサブゴール「(P -> Q) -> Q」を「P」に変形する命令です．ここで，P と Q は Prop 型の要素を表します．図 3.5 はその実行例です．

```
ゴールエリア（前）              タクティク              ゴールエリア（後）
1 subgoal                                           A, B, C : Prop
A, B, C : Prop                  apply.              _____(1/1)
_____(1/1)                                 A /\ B
(A /\ B -> C) -> C
```

図 3.5　タクティク「apply」の実行例 1

これは，apply の結果，Q の十分条件 P に帰着したと解釈できます．十分条件にあたる要素が複数ある場合は，サブゴールが分岐します．図 3.6 がその例です．

```
ゴールエリア（前）              タクティク              ゴールエリア（後）
1 subgoal                                           2 subgoals
A, B, C, D : Prop                                   A, B, C, D : Prop
_____(1/1)             apply.              _____(1/2)
(A -> B -> C -> D) -> C -> D                        A
                                                    _____(2/2)
                                                    B
```

図 3.6　タクティク「apply」の実行例 2

3.3.2 タクティク apply=> ── apply とポップ

タクティク apply=> は apply とポップ（move=>）の組合せです．図 3.7 はその実行例です．

ゴールエリア（前）	タクティク	ゴールエリア（後）
1 subgoal A, B, C : Prop --------------(1/1) ((A -> B) -> C) -> C	apply=> a.	A, B, C : Prop a : A --------------(1/1) B

図 3.7 タクティク「apply=>」の実行例

これは，apply によってサブゴールを A -> B に変形した後，move=> a によってトップ A に要素名 a をつけてポップしたと解釈できます．

3.3.3 タクティク apply: ── move: と apply

タクティク apply: は，move: に続けて apply を実行します．図 3.8 はその実行例です．

ゴールエリア（前）	タクティク	ゴールエリア（後）
1 subgoal A, B : Prop AtoB : A -> B --------------(1/1) B	apply: AtoB.	A, B : Prop --------------(1/1) A

図 3.8 タクティク「apply:」の実行例

これは，move: AtoB によりプッシュしてサブゴールを (A -> B) -> B に変形した後，apply したと解釈できます．

3.3.4 タクティク apply: => ── apply の組合せ

タクティク apply: => は apply: とタクティカル => の組合せです．最初にタクティク move:，次にタクティク apply，最後にタクティク => を続けて行います．図 3.9 はその実行例です．

これは，move: AtoB によってサブゴールを ((A -> B) -> C) -> C に変形し，続けて apply により A -> B に変形，さらに move=> a によってトップ A に要素名 a をつけてポップしたと解釈できます．

ゴールエリア（前）	タクティク	ゴールエリア（後）
1 subgoal A, B, C : Prop AtoB : A -> B _____(1/1) ((A -> B) -> C) -> C	apply: AtoB=>a.	A, B, C : Prop a : A _____(1/1) B

図 3.9　タクティク「apply: =>」の実行例

■ タクティク apply/

3.7 節にて解説します．

3.4　タクティク case, case:, case=>, case:=>, case=> [|], case/

タクティク case は帰納的型で定義された構成子に関する場合分けを行います(→**表3.4**)．タクティク case:, case=> はタクティク case に対してタクティカル :, => を組み合わせたものです．本節ではタクティク case の使い方を述べるとともに，**帰納的型**として定義される代表的な型の紹介をしていきます．

タクティク case の使い方を学ぶには，代表的な構成子に対する働きを覚えることが近道です．そこで，本節は case の対象となる代表的な帰納的型の紹介によってタクティクの使用法を述べていきます．例を見ることで，すぐに使いこなせるようになると思います．

なお，表 3.4 の下から 2 番目の例 case=> [A1 | ... | Am]．は使い方が少し特別であり，より便利な機能をもつため，3.4.8 項で詳しく解説します．

3.4 タクティク case, case:, case=>, case:=>, case=> [|], case/ 75

表 3.4 タクティク case とその意味

タクティク	代表的な使い方
case.	トップの型が帰納的型でありその型の構成子が m 個あれば，現在のサブゴールを構成子に対応する m 個のサブゴールへと分ける．とくに $m = 0$ のとき，そのサブゴールの証明が終わる． サブゴールへの分け方は，トップの型を XXX と書いたときに付随して定義される型 XXX_ind に依存してトップを置き換える．本書では一般論は述べず，代表的な帰納的型に対する case の適用例を記載する．
case=> H1 H2 ... Hn.	タクティク case に続いて move=> H1 H2 ... Hn を実行する．
case: H1 H2 ... Hn.	move: H1 H2 ... Hn に続いて case を実行する．
case: A1 A2 ... An => B1 B2 ... Bm.	move: A1 A2 ... An に続いてタクティク case を実行し，さらに move=> B1 B2 ... Bm を実行する．
case=> [A1 | ... | Am].	まず case を実行する．その結果 m 個のサブゴールに分岐したときに i 番目のサブゴールに対して move=> Ai を実行する．
case/ H1.	3.7 節参照．

3.4.1 タクティク case の使用例 —— 帰納的型 bool

帰納的型 bool は，二つの構成子 true と false で構成されています．構成子 true と false の型はどちらも bool です．

トップが bool 型の束縛変数であるとき，タクティク case を読み込むと二つのサブゴールに分かれます．一つ目のサブゴールでは，その束縛変数が true に置き換わります．二つ目のサブゴールでは，その束縛変数が false に置き換わります．図 3.10 はその実行例です．

ゴールエリア（前）	タクティク	ゴールエリア（後）
1 subgoal ----------------------(1/1) forall B1 B2 B3 : bool, B1 && (B3 || B2) = B1 && B3 || B1 && B2	case.	2 subgoals ----------------------(1/2) forall B2 B3 : bool, true && (B3 || B2) = true && B3 || true && B2 ----------------------(2/2) forall B2 B3 : bool, false && (B3||B2) = false && B3 || false && B2

図 3.10 タクティク「case」による bool の場合分け

ちなみに，図 3.10 中の演算子 &&，||[1]はライブラリ ssrbool で定義されています．使用する際は ssrbool をインポートする必要があります．

3.4.2 タクティク case の使用例 —— 帰納的型 or

帰納的型 or は二つの構成子 or_introl と or_intror で構成されています．

構成子 or_introl の型は A -> A \/ B，構成子 or_intror の型は B -> A \/ B です．ただし，A, B は型 Prop をもつ変数（もしくは関数）です．そして，A \/ B は or A B を表す記法です．

トップが A \/ B であるとき，タクティク case を読み込むと二つのサブゴールに分かれます．一つ目のサブゴールでは A \/ B -> が A -> に置き換わります．二つ目のサブゴールでは A \/ B -> が B -> に置き換わります．図 3.11 はその実行例です．

ゴールエリア（前）	タクティク	ゴールエリア（後）
1 subgoal P, Q : Prop _____(1/1) P \/ Q -> P \/ Q	case.	2 subgoals P, Q : Prop _____(1/2) P -> P \/ Q _____(2/2) Q -> P \/ Q

図 3.11 「case」による or の場合分け

3.4.3 タクティク case の使用例 —— 帰納的型 and

帰納的型 and は一つの構成子 conj で構成されています．構成子 conj の型は A -> B -> A /\ B です．ただし，A, B は型 Prop をもちます．そして，A /\ B は and A B を表す記法です．

トップが A /\ B であるとき，タクティク case を読み込むと A /\ B -> が A -> B -> に置き換わります．図 3.12 はその実行例です．

ゴールエリア（前）	タクティク	ゴールエリア（後）
P, Q : Prop _____ P /\ Q -> Q /\ P	case.	P, Q : Prop _____ P -> Q -> Q /\ P

図 3.12 「case」による and の場合分け

---

[1] これらは関数 andb, orb を表す記法です（→ 4.1 節）．

3.4.4 タクティク case の使用例 —— 帰納的型 True

帰納的型 True は一つの構成子 I で構成され，その型は True です．

トップが True であるとき，タクティク case を読み込むとそのトップ True がなくなります．図 3.13 はその実行例です．

図 **3.13** 「case」による True の場合分け

3.4.5 タクティク case の使用例 —— 帰納的型 False

帰納的型 False はゼロ個の構成子で構成されています．

トップが False であるとき，タクティク case を読み込むとそのサブゴールの証明が終わります．図 3.14 はその実行例です．

図 **3.14** 「case」による False の場合分け

背理法のように，ローカルコンテキストから矛盾（つまり，False）を導く証明の際に便利です．

3.4.6 タクティク case の使用例 —— 帰納的型 ex

帰納的型 exists は一つの構成子 ex_intro で構成されています．

構成子 ex_intro の型は forall x : A, P x -> exists x, P x です．ただし，A は型，P は型 nat -> Prop をもつ変数（もしくは関数）です．そして，exists x, P x は ex x P を表す記法です．

トップが exists x, P x であるとき，タクティク case を読み込むと exists x, P x -> が forall x, P x -> に置き換わります．図 3.15 はその実行例です．

3.4.7 タクティク case の使用例 —— 帰納的型 nat

帰納的型 nat は二つの構成子 O と S で構成されています．構成子 O の型は nat，構成子 S の型は nat -> nat です．

図 3.15 「case」による exists の場合分け

トップが nat 型の束縛変数であるとき，タクティク case を読み込むと二つのサブゴールに分かれます．その束縛変数を n と書くとき，一つ目のサブゴールでは forall n がなくなり，トップより右側の n が 0 に置き換わります．二つ目のサブゴールでは forall n を残したまま，トップより右側のすべての n が S n に置き換わります．図 3.16 はその実行例です．

ゴールエリア (前)	タクティク	ゴールエリア (後)
1 subgoal ----------------(1/1) forall n : nat, n + 1 = 1 + n	case.	2 subgoals ----------------(1/2) 0 + 1 = 1 + 0 ----------------(2/2) forall n : nat, S n + 1 = 1 + S n

図 3.16 「case」による nat の場合分け

3.4.8　タクティク case=> [|]

タクティク case=> [A1 | A2 | ... | Am] は，タクティク case によりサブゴールが m 個に分岐したとき，i 番目のサブゴールに対してタクティク move=> Am を実行します．

タクティカル [ ] 内のパイプ | で区切られた範囲の引数は複数でもかまいません．たとえば case=> [A B | C | D E F] であれば，case で三つに分岐した後，一つ目のサブゴールには move=> A B を，二つ目のサブゴールには move=> C を，三つ目のサブゴールには move=> D E F をそれぞれ実行します．図 3.17 はその実行例です．

ちなみに，この例において二つ目のサブゴールをコンテキストとともに明示すると

```
2 subgoals
P, Q : Prop
HQ : Q
----------------(2/2)
P \/ Q
```

ゴールエリア（前）	タクティク	ゴールエリア（後）
1 subgoal P, Q : Prop _____(1/1) P \/ Q -> P \/ Q	case=> [HP|HQ].	2 subgoals P, Q : Prop HP : P _____(1/2) P \/ Q _____(2/2) P \/ Q

図 3.17 「case」による or の場合分けと [|]

となります．それぞれのコンテキストの違いを確認してください．

■ タクティク case/

3.7 節にて解説します．

3.5 タクティク elim, elim:, elim=>, elim:=>, elim=>[|]

タクティク elim は帰納的型で定義された証明項に対して帰納法によるサブゴールの変形を行うための命令です(→表 3.5)．タクティク elim:, elim=> はタクティク elim にタクティカル :, => を組み合わせたものです．

タクティク elim の使い方を学ぶには，代表的な構成子に対する働きを覚えることが近道です．とくに Coq を使い始めた頃は nat 型の項に対する働きを覚えれば十分でしょう．そこで，ここでは nat 型への働きを解説します．例を見ることで，すぐに使いこなせるようになると思います．

なお，表 3.5 の最後の例 elim=> [A1 | ... | Am]．は使い方が少し特別であり，より便利な機能をもつため，3.5.2 項で詳しく解説します．

3.5.1 タクティク elim の使用例 —— nat

タクティク elim は，数学的帰納法によるサブゴールの変形を行うタクティクです．ここでは nat 型の項に対して elim を適用する方法を解説します．

帰納的型 nat は二つの構成子 O と S で構成されています(→ 3.4.7 項)．構成子 O の型は nat，構成子 S の型は nat -> nat です．

サブゴールが forall n : nat, P n であるとき，タクティク elim を読み込むとサブゴールが二つに分かれます．一つ目のサブゴールでは「forall n : nat, P n」

表 3.5 タクティク elim とその意味

タクティク	代表的な使い方
elim.	トップの型が帰納的型でありその型の構成子が m 個あれば，現在のサブゴールを構成子に対応する m 個のサブゴールへと分ける．とくに $m=0$ のとき，そのサブゴールの証明が終わる． サブゴールへの分け方は，トップの型を XXX と書いたときに付随して定義される型 XXX_ind に依存してトップを置き換える．具体的には apply: XXX_ind と同じ結果になる．
elim=> H1 H2 ... Hn.	タクティク elim に続いて move=> H1 H2 ... Hn を実行する．
elim: H1 H2 ... Hn.	move: H1 H2 ... Hn に続いて elim を実行する．
elim: A1 A2 ... An => B1 B2 ... Bm.	move: A1 A2 ... An に続いてタクティク elim を実行し，さらに move=> B1 B2 ... Bm を実行する．
elim=> [A1 | ... | Am].	まず elim を実行する．その結果 m 個のサブゴールに分岐したときに i 番目のサブゴールに対して move=> Ai を実行する．

が「P 0」に置き換わります．二つ目のサブゴールでは「forall n : nat, P n」の右側に「-> P (S n)」が追加されます．図 3.18 はその実行例です．

ゴールエリア（前）	タクティク	ゴールエリア（後）

1 subgoal
------------(1/1)
  forall n : nat,
  n + n = 2 * n
	elim.	2 subgoals
		------------(1/2)
		  0 + 0 = 2 * 0
		------------(2/2)
		  forall n : nat,
		  n + n = 2 * n ->
		  S n + S n = 2 * S n

図 3.18 nat に関する数学的帰納法

前者は型 nat の構成子 O : nat に対応しています．そして，後者は構成子 S : nat -> nat に対応しています．

ちなみに，タクティク elim を apply: nat_ind に置き換えられることは，型 nat_ind が

```
nat_ind
    : forall P : nat -> Prop,
      P 0 -> (forall n : nat, P n -> P (S n)) -> forall n : nat, P n
```

であることからわかります．

一般に Coq で帰納的型を定義すると，それに _ind のついた型が自動的に定義されま

す．タクティク elim は，帰納法を行う型に対して_ind のついた補題を探して apply を行っています．

補足 ▶ ライブラリ ssrnat を読み込むと，S n の表記が n.+1 に置き換わります．図 3.19 がその例です．

ゴールエリア（前）	タクティク	ゴールエリア（後）
1 subgoal ------------(1/1) forall n : nat, n + n = 2 * n	elim.	2 subgoals ------------(1/2) 0 + 0 = 2 * 0 ------------(2/2) forall n : nat, n + n = 2 * n -> n.+1 + n.+1 = 2 * n.+1

図 3.19 nat に関する数学的帰納法と ssrnat

3.5.2 タクティク elim=> [|]

タクティク elim=> [A1 | A2 | ... | Am] は，タクティク elim によってサブゴールが m 個に分岐したときに，i 番目のサブゴールにタクティク move=> Ai を実行します．

トップが型 nat のときには，タクティク elim=> [| n IHn] が便利です．これは，タクティク elim によってサブゴールが 2 個に分岐したとき，一つ目のサブゴールには何もせず，二つ目のサブゴールにタクティク move=> n IHn を実行するということです．実際，図 3.19 のタクティクを elim => [| n IHn] に換えたとき，二つ目のサブゴールのゴールエリアをコンテキストとともに明示すると

```
n : nat
IHn : n + n = 2 * n
------------(2/2)
n.+1 + n.+1 = 2 * n.+1
```

となります．

3.6 タクティク rewrite

タクティク rewrite は等式変形や等価変形のための命令です（→表 3.6）．タクティカルとの組合せが他のタクティクよりも豊富です．そのため，すべての組合せとその機能の説明が困難です．本書は入門書なので，タクティカルとの便利な組合せを厳選して紹介します．

3.6.1 rewrite 関数名・補題名，rewrite- 関数名・補題名

タクティク rewrite は，引数として等式を表す要素名を受け取ると，サブゴールからその等式の左辺と一致するものを探し，その等式の右辺に置き換えます．

図 3.20 はその実行例です．タクティク rewrite b0 を読み込むと，b0 の型である等式 b = 0 の左辺 b をサブゴールから探し，右辺 0 に置き換えています．

等式を表す要素名の前にマイナス記号 - をつけると，サブゴールからその等式の右辺と一致するものを探し，その等式の左辺に置き換えます．図 3.21 はその実行例です．

表 3.6　タクティク rewrite とその意味

タクティク	代表的な使い方
rewrite 関数名・補題名．	引数の関数名・補題名の言明が等式であり，等式の左辺に相当する式や変数等がサブゴール中にあれば，その式や変数等を右辺に書き換える．
rewrite - 関数名・補題名．	引数の関数名・補題名の言明が等式であり，等式の右辺に相当する式や変数等がサブゴール中にあれば，その式や変数等を左辺に書き換える．
rewrite (_ : XXX = YYY)．	サブゴール中の XXX を YYY に置き換える．さらに，別のサブゴール XXX = YYY を追加する．
rewrite /=．	定義をたどる程度の計算を実行する．
rewrite 数!関数名・補題名．	! の前の数で指定した回数だけ「rewrite ! の後の関数名・補題名」を実行する．もし数を書かなければ，可能な限り「rewrite ! の後の関数名・補題名」を実行する．
rewrite { 数 } 関数名・補題名．	関数や補題の適用できる項が複数あるとき，数で指定した位置の項に対して「rewrite の後の関数名・補題名」を実行する．
rewrite [条件] 関数名・補題名．	条件にあてはまる範囲で「rewrite の後の関数名・補題名」を実行する．
rewrite /定義名．	指定した定義名の項がサブゴールにあれば，その項を定義に置き換える．

3.6 タクティク rewrite

ゴールエリア（前）	タクティク	ゴールエリア（後）
a b c : nat b0 : b = 0 ------------ a + b + c = c + a	rewrite b0.	a b c : nat b0 : b = 0 ------------ a + 0 + c = c + a

図 3.20　タクティク「rewrite 関数名・補題名」の実行例

ゴールエリア（前）	タクティク	ゴールエリア（後）
a b c : nat b0 : b = 0 ------------ a + 0 + c = c + a	rewrite -b0.	a b c : nat b0 : b = 0 ------------ a + b + c = c + a

図 3.21　タクティク「rewrite -関数名・補題名」の実行例

3.6.2　rewrite (_ :　XXX = YYY)

タクティク rewrite に引数として (_ : XXX = YYY) を与えると，現在のサブゴール中にある XXX を YYY に置き換えます．さらに，現在のサブゴールの後に，新たなサブゴール XXX = YYY を追加します．

図 3.22 はその実行例です．タクティク rewrite (_ : a = 0) を読み込むと，サブゴール内の二つの a が 0 に置き換わります．そして，新たにサブゴール a = 0 が追加されます．

ゴールエリア（前）	タクティク	ゴールエリア（後）
a b c : nat ------------ a + b + c = c + a	rewrite (_ : a = 0).	a b c : nat --------------(1/2) 0 + b + c = c + 0 --------------(2/2) a = 0

図 3.22　タクティク「rewrite (_ :　XXX = YYY)」の実行例

3.6.3　rewrite /=

タクティク rewrite に引数としてタクティカル /= を与えると簡単な計算を行います[1]．

図 3.23 はその実行例です．タクティク rewrite /= を読み込むと，計算により true && (true || false) を true && true に，さらに計算して true に置き換

---

[1] fun で定義された関数の定義をたどる程度の計算です．

図 3.23 タクティク「rewrite /=」の実行例

えます.

このタクティクでは複雑な計算は行われません.どの程度の計算であれば行われるか,読者自身でいろいろと試してみてください.

3.6.4 rewrite 数!要素名

タクティク rewrite は,引数として整数と！（エクスクラメーションマーク）,さらに等式を表す要素名を続けて受け取ると,「rewrite 要素名」をその整数回だけ繰り返します.

図 3.24 はその実行例です.タクティク rewrite 3!a0 を読み込むと,rewrite a0 を 3 回繰り返します.つまり,等式 a0 : 1 + a = 1 の左辺 1 + a をサブゴールから探して a0 の型の右辺を 1 に置き換える,ということを 3 回行います.

```
ゴールエリア（前）            タクティク            ゴールエリア（後）
a : nat                                         a : nat
a0 : 1 + a = 1           rewrite 3!a0.          a0 : 1 + a = 1
---------------                                 ---------------
1 + a + a + a + a = 1                           1 + a = 1
```

図 3.24 タクティク「rewrite 回数指定」の実行例

もし,エクスクラメーションマークの前の整数を略すと,「rewrite 要素名」を可能な限り繰り返します.図 3.25 はその実行例です.

```
ゴールエリア（前）            タクティク            ゴールエリア（後）
a : nat                                         a : nat
a0 : 1 + a = 1           rewrite !a0.           a0 : 1 + a = 1
---------------                                 ---------------
1 + a + a + a + a = 1                           1 = 1
```

図 3.25 タクティク「rewrite 繰り返し」の実行例

状況によっては繰り返しが終わらなくなる場合がありますので気をつけてください.たとえば,rewrite !addnC をサブゴール $x = 1 + 2$ に対して行うと,$x = 2 + 1$ と $x = 1 + 2$ を行ったり来たりし続けることになります.

もし終わらなくなった場合は，CoqIDE の上部の「丸に囲まれた×」アイコンをクリックすると，しばらくしてから停まることがあります．

3.6.5 rewrite { 数 } 要素名

タクティク rewrite は，引数として { 数 } 要素名を受け取ると，サブゴール中で「rewrite その要素名」の適用できる項のうち { 数 } で与えた数の位置にある項だけを置き換えます．

図 3.26 はその実行例です．サブゴール中に rewrite n0 を適用できる項は，三つあります．そこでタクティク rewrite {2}n0 を読み込むと，2番目の項である右辺の最初の n に対して rewrite n0 を行います．

ゴールエリア（前）	タクティク	ゴールエリア（後）
n : nat n0 : n = 0 m : nat ------------ n + m = n + n	rewrite {2}n0.	n : nat n0 : n = 0 m : nat ------------ n + m = 0 + n

図 3.26 パターンの出現スイッチを使う「rewrite」タクティクの実行例 1

数が負の値の場合，その項以外を書き換えます．図 3.27 はその実行例です．rewrite {-2}n0 とすることで，2番目以外の 1，3番目の項が書き換えられます．

ゴールエリア（前）	タクティク	ゴールエリア（後）
n : nat n0 : n = 0 m : nat ------------ n + m = n + n	rewrite {-2}n0.	n : nat n0 : n = 0 m : nat ------------ 0 + m = n + 0

図 3.27 パターンの出現スイッチを使う「rewrite」タクティクの実行例 2

3.6.6 rewrite [条件] 要素名

タクティク「rewrite [条件] 要素名」は，条件に一致する項にのみ，「rewrite 要素名」を実行します．

図 3.28 はその実行例です．H は加法の可換性を意味します．サブゴールには両辺に加法があります．rewrite の引数として指定されている条件「y + _」は「y +に続く項がある」ことを意味します．_ は勝手な項を表します．そのような項はサブゴー

ルの左辺にはなく，右辺のみにあります．そこで，rewrite H を右辺にのみ適用します．このように項の出現に対する制限を記述することで，証明が読みやすくなることがあります．

```
ゴールエリア（前）              タクティク              ゴールエリア（後）
x : nat                                               x : nat
y : nat                                               y : nat
H : forall t u : nat,      rewrite [y+_]H.           H : forall t u : nat,
    t + u = u + t                                        t + u = u + t
------------------------                              ------------------------
x + y = y + x                                         x + y = x + y
```

図 3.28 パターンの出現制限を使う「rewrite」タクティクの実行例

ほかにも，図 3.29 のような使い方ができます．

```
ゴールエリア（前）              タクティク              ゴールエリア（後）
a : nat                                               a : nat
b : nat                rewrite [in 2 * _]addnC.      b : nat
c : nat                       または                   c : nat
------------------   rewrite [in X in 2 * X] addnC.  ------------------
a + b +                                               a + b +
2 * (b + c) = 0                                       2 * (c + b) = 0
```

図 3.29 パターンのコンテキスト指定を使う「rewrite」タクティクの実行例

3.6.7 rewrite /定義名

タクティク rewrite の引数としてスラッシュ /，定義名を続けて与えると，サブゴール中の項の定義を紐解きます．

図 3.30 はその実行例です．タクティク rewrite /not を読み込むと，記法 ~ の表す not の定義を紐解き，~B を B -> False に ~A を A -> False にそれぞれ置き換えます．

```
ゴールエリア（前）      タクティク          ゴールエリア（後）
A B : Prop                              A B : Prop
H : A -> B         rewrite /not         H : A -> B
-----------                             -----------
~B -> ~A                                (B -> False) -> (A -> False)
```

図 3.30 タクティク「rewrite /定義名」の実行例

3.7 ビュー機能：タクティク move/, apply/, case/

ビュー（英語の "view"）はタクティカル「/」により実現される SSReflect の機能で，補題の適用を楽にするものです．用法は「move/補題名」，「apply/補題名」，「case/補題名」の三つです．前節の「rewrite/」はビューとは区別されます．

引数に与える補題によりその機能は変化します．ここで補題を

1. **基本の補題**
2. **解釈補題**
3. **リフレクション**（英語の "reflection"）**補題**

という三つに分類しておきます[1]．

基本の補題とは，「... -> ...」と書かれている言明のことです．

解釈補題とは，二つの言明が論理的に等価であることを意味する言明のことです．等価な言明への置き換えは，サブゴールの形や型を変えるので視点（ビュー）の変化をもたらします．解釈補題の単純な例は，言明 P <-> Q （言明 P と Q の等価性）です．P <-> Q が成り立つと，いつでも P を Q に変形でき，逆に Q を P に変形できます．ちなみに，forall n, P n <-> Q n などの形の言明も解釈補題として考えます．

リフレクション補題については 3.7.10 項で解説します．

3.7.1 タクティク move/基本の補題名

タクティク move/ の引数に基本の補題を与えると，サブゴールのトップを補題の必要条件に置き換えます．

図 3.31 はその実行例です．サブゴールのトップは P です．コンテキストに PQ : P -> Q という基本補題があります．タクティク move/PQ の実行により補題 PQ をトップに適用ができ，トップが必要条件である Q に置き換わります．

補足 ▶ タクティク move/を使わずに，次の命令でも同じ結果を得られます．

```
move=> tmp. move: (PQ tmp). move=> {tmp}.
```

---

[1] ちなみに，リフレクション補題は SSReflect の名前の由来になっています．

図 3.31　タクティク「move/基本の補題名」の実行例

3.7.2　タクティク move/解釈補題名

タクティク move/ の引数に解釈補題を与えると，仮定のトップを解釈補題における同値な条件に置き換えます[*1]。

図 3.32 はその実行例です．トップは ~ P 0 です．コンテキストには解釈補題 PQ : forall n, P n <-> Q n があります．この解釈補題により P 0 と Q 0 は同値です．そこで move/PQ を読み込むことで，トップが Q 0 に置き換わります．

ここで，補題とゴールの型が完全に一致しなくても，実行できていることに注意してください．サブゴールは ~ P 0 -> ~ Q 0 です．とくに，トップは ~ P 0 であり，これは P 0 -> False を表します．一方，PQ の型は forall n, P n <-> Q n ですから，論理積 /\ によって定義されている記法であり False はありません．このように，適用したい補題とトップの型が合わない場合でもトップの置き換えができます．

```
ゴールエリア（前）            タクティク            ゴールエリア（後）
P, Q : nat -> Prop                              P, Q : nat -> Prop
PQ : forall n,                                  PQ : forall n,
    P n <-> Q n           move/PQ.                  P n <-> Q n
------------------                              ------------------
~ P 0 -> ~ Q 0                                  ~ Q 0 -> ~ Q 0
```

図 3.32　タクティク「move/解釈補題名」の実行例

3.7.3　タクティク move/リフレクション補題名

タクティク move/ の引数にリフレクション補題(→ 3.7.10 項)を与えると，トップにある同値な bool 型の言明と Prop 型の言明を置き換えます．

図 3.33 はその実行例です．リフレクション補題 andP により，トップを P && Q から P /\ Q に置き換えます．ちなみに，もう一度 move/andP を読み込むと，トップは P /\ Q から P && Q に戻ります．

[*1] apply/ (→ 3.7.5 項)との違いを整理しておきましょう． move/ はトップのみに， apply/ はサブゴール全体に解釈補題を適用します．

3.7 ビュー機能：タクティク move/, apply/, case/

図 3.33　タクティク「move/リフレクション補題名」の実行例

3.7.4　タクティク apply/基本の補題名

タクティク apply/ に続けて基本の補題名を指定することで，タクティク apply を続けて行えます．

図 3.34 はその実行例です．`apply /BtoC /AtoB.` を読み込むことで，ビュー機能を使わない `apply BtoC.` と `apply AtoB.` を続けて行った場合と同じ結果を得られました．タクティク apply を続けて使う際には，ビュー機能を使うことでスクリプトを短くまとめられます．

ゴールエリア（前）	タクティク	ゴールエリア（後）
1 subgoal A, B, C : Prop AtoB : A -> B BtoA : B -> C ----------------(1/1) C	apply /BtoC /AtoB.	1 subgoal A, B, C : Prop AtoB : A -> B BtoA : B -> C ----------------(1/1) A

図 3.34　タクティク「apply/基本の補題名」の実行例

3.7.5　タクティク apply/解釈補題名

タクティク apply/ の引数に解釈補題を与えると，サブゴールを「補題で指定した同値な条件」で置き換えます[1]．

図 3.35 はその実行例です．サブゴールの Q が P に置き換わりました．

ゴールエリア（前）	タクティク	ゴールエリア（後）
P, Q : nat -> Prop PQ : forall n, 　　P n <-> Q n ------------------ 　Q 0	apply/PQ.	P , Q : nat -> Prop PQ : forall n, 　　P n <-> Q n ------------------ 　P 0

図 3.35　タクティク「apply/解釈補題名」の実行例 1

---

[1] move/ との違いを整理しておきましょう．move/ はトップのみに，apply/ はサブゴール全体に解釈補題を適用します．

補足 ▶ 入門書の枠をはみ出てしまいますが，図 3.36 のようなことも可能です．

ゴールエリア（前）	タクティク	ゴールエリア（後）
P , Q : nat -> Prop PQ : forall n, 　　P n <-> Q n -------------------- Q 0 -> False	apply/PQ.	P , Q : nat -> Prop PQ : forall n, 　　P n <-> Q n -------------------- ~ P 0

図 3.36　タクティク「apply/解釈補題」の実行例 2

　タクティク apply/ は解釈補題をトップではなくサブゴール全体に適用するものです．ですから，サブゴール Q を変えることはできても，トップ Q は変えられないはずです．ところがこの例では apply/PQ が機能しています．これは，**ビューヒント**とよばれるデータベースに次の補題が登録されているからです．

```
iffLRn : forall P Q, P <-> Q -> ~ P -> ~ Q
```

ビュー機能をもつタクティクが読み込まれると，Coq はビューヒントから適切な補題を補完しようと試みます．この例では apply/PQ の読み込み時にビューヒントから iffLRn が挿入され，apply: (iffLRn (PQ _)) が実行されています．

3.7.6　タクティク apply/リフレクション補題名

　タクティク apply/ の引数にリフレクション補題(→ 3.7.10 項)を与えると，サブゴール全体に対して同値な bool 型の言明と Prop 型の言明を置き換えます．

　図 3.37 はその実行例です．リフレクション補題 andP により，サブゴールを P && Q から P /\ Q に置き換えます．ちなみに，もう一度 apply/andP を読み込むと，トップは P /\ Q から P && Q に戻ります．

ゴールエリア（前）	タクティク	ゴールエリア（後）
P Q : bool -------------------- P && Q	apply/andP.	P Q : bool -------------------- P /\ Q

図 3.37　タクティク「apply/リフレクション補題名」の実行例

3.7.7　タクティク case/基本の補題名

　タクティク「case/基本の補題」は「move/基本の補題; case」の省略形です．

　図 3.38 はその実行例です．最初に move/H によりサブゴールが False -> Q

図 3.38 「case/基本の補題名」の実行例

に変わり，続いて case によって False を構成子ごとに場合分けしたことで，No more subgoals となりました．

3.7.8 タクティク case/解釈補題名

タクティク「case/解釈補題」は「move/解釈補題; case」の省略形です．

図 3.39 はその実行例です．トップの置き換えと場合分けを続けて行います．この使い方は，次の場合などに便利です．A は「$n \neq 0 \pmod 3$」, B は「$n = 1 \pmod 3$」, C は「$n = 2 \pmod 3$」，そして，D は「$n^2 = 1 \pmod 3$」としたとき，言明 A -> D は自明ではありません．一方，言明 B -> D の証明は式変形でできます．言明 C -> D も同様です．これらを通して A -> D を示すことができます．

ゴールエリア（前）	タクティク	ゴールエリア（後）
A B C D : Prop Hyp : A <-> B \/ C _____(1/1) A -> D	case/Hyp.	A B C D : Prop Hyp : A <-> B \/ C _____(1/2) B -> D _____(2/2) C -> D

図 3.39 タクティク「case/解釈補題名」の実行例

3.7.9 タクティク case/リフレクション補題名

タクティク「case/リフレクション補題」は「move/リフレクション補題; case」の省略形であり，リフレクション補題による仮定の変形と場合分けを組み合わせたタクティクです．

図 3.40 はその実行例です．タクティクを読み込む前のトップは論積和 P || Q であり，その型は bool です．case/orP を読み込むと，リフレクション補題 orP により P || Q が P \/ Q に置き換わります．続けて，タクティク case により場合分けが行われます．その結果，分岐してできた二つのサブゴールのトップはどちらも bool 型

図 3.40　タクティク「case/リフレクション補題名」の実行例

の P と Q になりました．まるで Prop 型を扱うように，bool 型を扱えました．これこそが SSReflect（Small Scale Reflection）の醍醐味です．

3.7.10　おまけ：リフレクション

ここでは本節でたびたび登場したリフレクションについて，少し紙面を割いて解説します．ビュー機能をもつタクティクを扱う際に知っておきたい内容です．

リフレクションとは Prop 型と bool 型を交換することを意味します．その際に用いられる補題として**リフレクション補題**があります．これは解釈補題の特殊なもので，Prop 型の言明と bool 型の言明の論理等価性に関する言明です．

Prop 型と bool 型は似た一面をもつことを注意しておきます．たとえば，True と False の型は Prop でした．true と false の型は bool です．また，論理積 and（記法は/\）や論理和 or（記法は\/）は Prop 型に対する関数でした．ブール積 andb（記法は &&）やブール和 orb（記法は ||）は bool 型に対する関数です（→ **4.1** 節）．これらは表記や呼び名が似ているだけでなく，計算の結果も似ています．たとえば，

```
True /\ False = False     と     true && false == false,
```

あるいは，

```
False /\ (True \/ False) = (False /\ True) \/ (False /\ False)     と
false && (true || false) = (false && true) || (false && false)
```

といった具合です．

形式証明の過程では Prop と bool を置き換えられる場合があります．型の置き換えには大きな利点があります．たとえばブール積 && に関する言明は計算により証明できることがあります．具体例として，次の言明を証明してみましょう．

```
forall P Q : bool, P && Q ==> Q && P.
```

case タクティクを使うと，P は true と false に場合分けされ，1 番目のサブゴールは次のようになります．

```
forall Q : bool, true && Q ==> Q && true
```

caseタクティクを改めて使うと，Qの場合分けを行い，1番目のサブゴールは次のようになります．

```
true && true ==> true && true
```

いま && と ==> はブール関数です．単純な計算により，計算結果は true となります[1]．

他のサブゴールも同様です．つまり，PとQの場合分けと && の計算によって証明できます．以上から証明をスクリプトで書けば Proof. by case; case. Qed. で十分です．

今度は論理積に関する言明を証明してみましょう．&& を /\ に，==>を->にそれぞれ置き換えます．ただしPとQの型はboolのままにしておきます．

```
forall P Q : bool, P /\ Q -> Q /\ P.
```

論理積があることで，証明が単なる計算では済まなくなることを見ていきましょう．ところで，bool 型とProp型が混ざっているため，違和感を覚えるかもしれません．このような書き方ができる背景には**コアーション**とよばれる考え方があります．それについては，本項内で後ほど解説します．

先ほどと同様にcaseタクティクを2回実行すると，次の四つのサブゴールが生成されます．

```
サブゴール (1)   true /\ true -> true /\ true
サブゴール (2)   true /\ false -> false /\ true
サブゴール (3)   false /\ true -> true /\ false
サブゴール (4)   false /\ false -> false /\ false
```

ここで計算を行っても，証明が完了しません[2]．この違いは && と /\ の定義に由来します．ブール演算 && は bool 型の数値計算の関数として定義されています．一方，論理演算 /\ は Prop 型の帰納的型として定義されています．そのため，true && false は計算で false になりますが，true /\ false は計算しても true /\ false のままです．その結果，サブゴール (2) は計算によって式変形されず，計算だけでは証明が完成しないという違いが生じます．

とは言えど，今回のゴールは小さいので Proof. by case; case; case. Qed. のようにスクリプトを少し長くするだけで証明が完了します．しかし，大規模な理論を形式化する際には，このようなことが積み重なり，証明のサイズに大きな差が生じま

---

[1] この計算は rewrite /=で確認できます．
[2] 読者自身で確かめてみてください．rewrite /=. を読み込むことで計算が実行できます．

す．リフレクションを行う利点の例は本項でもう一度扱いますが，その前に先ほど用語を述べたコアーションについて解説していきます．

■ **コアーション**

リフレクションの実現には，`is_true` **コアーション**という考え方が背後にあります．コアーションとは，ユーザが記述する言明の型が合わないときに，Coqが暗黙に加える関数を意味します．ユーザが記述する言明の型が合わなくても，コアーションによってCoqが正しい言明に変換できる場合があります．ただし，Coqが暗黙に加えるコアーションは限られています．

SSReflectでは，`is_true` コアーションによって，bool型をProp型と捉えることが可能です．たとえばProp型に対する演算->を含む次の言明を扱えます．

```
true && false -> false.
```

少し詳しく考察しましょう．コアーションを表示するにはCoqIDEのメニューにある「View」の「Display coercions」にチェックを入れてください[1]．これはコアーションを表示するための命令です．実はCoqの標準設定ではどのようなコアーションが使われているか表示されません．チェックを入れることで，先の言明が

```
is_true (true && false) -> is_true false : Prop.
```

と表示されます．この関数 `is_true` がbool型からProp型への変換を担っています．

SSReflectでは，基本的なブール関数と対応する論理演算に対するリフレクション補題が用意されています．リフレクション補題の名前は大文字Pで終わるという命名規則が設けられていて，他の補題と区別が容易です．

リフレクション補題は「reflect [Prop型の言明] [bool型の言明]」というルールで記述されるという特徴をもちます．たとえば，andと&&の論理等価性を表す言明は

表 **3.7** リフレクション補題の例

補題名	言明
andP	reflect (b1 /\ b2) (b1 && b2)
orP	reflect (b1 \/ b2) (b1 || b2)
negP	reflect (~ b1) (~~ b1)
implyP	reflect (b1 -> b2) (b1 ==> b2)
nandP	reflect (~~ b1 \/ ~~ b2) (~~ (b1 && b2))
norP	reflect (~~ b1 /\ ~~ b2) (~~ (b1 || b2))

---

[1] Set Printing Coercions を読み込むという方法もあります．

andP と名づけられていて，次のように書かれてます．

```
Lemma andP : forall b1 b2 : bool, reflect (b1 /\ b2) (b1 && b2)
```

andP など，基本的なブール関数に対するリフレクション補題はある程度覚えてしまいましょう．表 3.7 に一部のリフレクション補題をまとめました．

■ リフレクションの利点

さて再び，リフレクション補題を用いる利点を例示していきます．ここでは等価性に関する言明のなかでも同値関係に注目します[1].

Coq には型 nat の同値関係 eq が定義されています．記法は = です．数学的には等号を表します．この eq を含む次の言明 3 = 4 -> False に対して，リフレクションを用いない証明と用いる証明をしていきます．まずは用いない証明です．名前を threeNfour_1 としました．

```
Lemma threeNfour_1 : 3 = 4 -> False.
Proof. done. Qed.
```

続いてリフレクションを用いる証明です．名前を threeNfour_2 としました．

```
Lemma threeNfour_2 : 3 = 4 -> False.
Proof. by move /eqP. Qed.
```

どちらの証明も短く，一見したところリフレクションの恩恵は感じられません．

そこで Print コマンドを使って，これらの証明を比較してみます．このコマンドにより，done や by などが自動的に補っている内容が表示されます．画面上の threeNfour_1 をドラッグ等で選択し，「Shift + Ctrl + C」を押します．成功すると，レスポンスエリアに次が表示されます．

```
threeNfour_1 =
fun H : 3 = 4 =>
(fun H0 : False => False_ind False H0)
  (eq_ind 3
    (fun e : nat =>
     match e with
     | 0 => False
     | 1 => False
     | 2 => False
     | 3 => True
     | _.+4 => False
     end) I 4 H)
```

---

[1] 同値関係は他のリフレクション補題と別扱いになっています．これは，SSReflect と MathComp の開発過程に起因します．

```
          : 3 = 4 -> False
```

2 行目～下から 2 行目が証明にあたります．続いて threeNfour_2 も調べてみましょう．

```
threeNfour_2 =
fun _top_assumption_ : 3 = 4 =>
(fun _top_assumption_0 : 3 == 4 =>
 (fun H : False => False_ind False H)
   (eq_ind (3 == 4)
      (fun e : bool => if e then False else True) I
      true _top_assumption_0))
  (introT eqP _top_assumption_)
     : 3 = 4 -> False
```

こちらも 2 行目～下から 2 行目が証明にあたります．3, 5 行目を見ると，リフレクションによって，等号が Prop 型の = から bool 型の == に変わっていることが確認できます．ただ，まだリフレクションの恩恵を感じられません．そこで言明の等式「$3 = 4$」を「$9 = 10$」に変えてみます．名前もそれに合わせて変えました．

```
Lemma nineNten_1 : 9 = 10 -> False.
Proof. done. Qed.

Lemma nineNten_2 : 9 = 10 -> False.
Proof. by move /eqP. Qed.
```

Print コマンドにより証明を比較します．まず nineNten_1 の証明を見ます．

```
nineNten_1 =
fun H : 9 = 10 =>
(fun H0 : False => False_ind False H0)
  (eq_ind 9
     (fun e : nat =>
      match e with
      | 0 => False
      | 1 => False
      | 2 => False
      | 3 => False
      | 4 => False
      | 5 => False
      | 6 => False
      | 7 => False
      | 8 => False
      | 9 => True
      | _.+2.+4.+4 => False
      end) I 10 H)
     : 9 = 10 -> False
```

先の threeNfour_1 に比べて，証明が長くなっています．リフレクションを使った証明を見ましょう．

```
nineNten_2 =
fun _top_assumption_ : 9 = 10 =>
(fun _top_assumption_0 : 9 == 10 =>
 (fun H : False => False_ind False H)
   (eq_ind (9 == 10)
      (fun e : bool => if e then False else True) I
      true _top_assumption_0))
   (introT eqP _top_assumption_)
      : 9 = 10 -> False
```

こちらの証明は threeNfour_2 と同じ長さの証明で済んでいます．これはリフレクションの恩恵です．

本項では，説明のために，自然数の例を挙げました．とくに，「=」のかわりに eqn を使う利点も説明しました．MathComp では，それぞれの値の種類に対して専用の同値関係としてブール関数が用意されています．ただし，それぞれの関数名を覚える必要はありません．上記では説明のために，eqn を明示的に使いましたが，実際に，一般的な記法「==」が用意されています．その説明を 4.2 節で行います．

MathComp が研究開発された際，リフレクションにより Prop 型から bool 型へ積極的に変換することで，証明が短くなることが判明しました．その理由の一つが論理演算に対するアプローチの違いです．Prop 型ではタクティク case や apply などの論法を用いますが，bool 型ではフラッグ /= などの計算を用います．リーズニングよりも計算を用いるほうが証明が簡略化されることが知られており，これは**ポアンカレ原理**ともよばれています．このことは早くも 1902 年にポアンカレによって言及されていたからです．形式証明の研究が誕生した頃，簡単な計算で済む証明を形式的に証明しようとすると，その証明は膨大なものになっていました．そこでポアンカレは，簡単な計算は計算で済ませるべきだと主張していたのです．

MathComp は同値関係にリフレクションを適用しやすくしたことで，ポアンカレの考え方を実現したものだと言えます．

3.8 タクティク have, suff, wlog

タクティク have, suff, wlog はスクリプトに構造を与えます．証明で言うところの「ところで○○が従う」「次を示せば十分である．なぜなら」「一般性を失うことなく○○に制限してよい」といった議論を可能にします．

3.8.1 タクティク have

タクティク have:の引数として言明を与えると，引数の言明を一つ目のサブゴールとします(→表 3.8)．これは「ところで○○が従う」に相当します．

さらに，それまでのサブゴールのトップに引数の言明が追加されます．

表 3.8 タクティク have とその意味

タクティク	代表的な使い方
have: XXX.	新たなサブゴール XXX を一つ目のサブゴールとして追加する．さらに，現在のサブゴールが YYY であるとき，トップに XXX を追加して，サブゴールを XXX -> YYY にする．
have ZZZ: XXX.	have: XXX. を実行し，二つ目のサブゴールに move=> ZZZ. を実行する．

図 3.41 はその実行例です．タクティク have: a * 2 = a * 1 + a を実行することで，一つ目のサブゴールが a * 2 = a * 1 + a になりました．このサブゴールは簡単に示せます．さらに，二つ目のサブゴール「a * 2 = a * 1 + a -> a * 2 + b = a + a + b」は have を使う前のゴールよりも易しくなりました．

ゴールエリア（前）	タクティク	ゴールエリア（後）
a, b : nat ---------------------- a * 2 + b = a + a + b	have: a * 2 = a * 1 + a.	a, b : nat ---------------------- a * 2 = a * 1 + a ---------------------- a * 2 = a * 1 + a -> a * 2 + b = a + a + b

図 3.41 タクティク「have」の実行例

have は次に述べるタクティク suff と振る舞いが似ています．タクティク have: XXX を使うタイミングは，言明 XXX を示すのがあまり難しくない場合がよいでしょう．

3.8.2 タクティク suff

タクティク suff:の引数として言明を与えると，それまでのサブゴールのトップにその言明を追加します(→表 3.9)．さらに，その言明を二つ目のサブゴールとします．「次を示せば十分である．なぜなら」に相当します．

図 3.42 はその実行例です．タクティク suff: a * 1 = a を実行することで，サブゴールのトップが a * 1 = a -> a * 1 + b = a + b になりました．そして続くサブゴールとして a * 1 = a が追加されました．

3.8 タクティク have, suff, wlog | 99

表 3.9　タクティク suff とその意味

タクティク	代表的な使い方
suff: XXX.	現在のサブゴールが YYY であるとき，トップに XXX を追加して，サブゴールを XXX -> YYY にする． 新たなサブゴール XXX を二つ目のサブゴールとして追加する．
suff ZZZ: XXX.	suff: XXX. を実行し，続けて move=> ZZZ. を実行する．

```
ゴールエリア（前）          タクティク              ゴールエリア（後）
1 subgoal                                        2 subgoals
a, b : nat                                       a, b : nat
_____(1/1)      suff: a * 1 = a.        _____(1/2)
a * 1 + b = a + b                                a * 1 = a -> a * 1 + b = a + b
                                                 _____(2/2)
                                                 a * 1 = a
```

図 3.42　タクティク「suff」の実行例

3.8.3　タクティク wlog:

タクティク wlog: に「変数」「/（スラッシュ）」「条件」を与えると，「変数が条件を満たすと仮定してサブゴールが示せるならば，条件を満たすと仮定しなくてもサブゴールが示せる」という言明を新たな一つ目のサブゴールとし，「変数が条件を満たすと仮定してサブゴールが示せる」という言明を新たな二つ目のサブゴールにします(→表 3.10)．これは「一般性を失うことなく○○に制限してよい」に相当します．

表 3.10　タクティク wlog:とその意味

タクティク	代表的な使い方
wlog:　特殊化する変数 / 特殊化の条件.	現在のサブゴールのトップに「(forall 特殊化する変数, 特殊化の条件　->　現在のサブゴール　)」を追加し，その後に現在のサブゴールを続ける．また，二つ目のサブゴールとして，「特殊化の条件 -> 現在のサブゴール」を追加する．

ちなみに，タクティク wlog:は英語の without loss of generality の頭文字に由来するタクティクです．意味は「一般性を失うことなく」です．

スラッシュの前に特殊化する変数を列挙します．続けてスラッシュ /，その後に特殊化する条件を記述します．

図 3.43 はその実行例です．特殊化する変数は x，y の二つです．特殊化の条件は x <= y です．このタクティクを実行することで，一つ目のサブゴールのトップに (forall u v, u <= v -> R u x) が追加されました．一つ目のサブゴール全体としては，「特殊化した条件のもとで元来のサブゴールが真であれば，特殊化していない状況でも元来のサブゴールも真である」を意味しています．

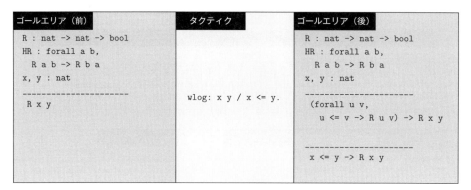

図 3.43 タクティク「wlog:」の実行例

さらに，新たなサブゴールが追加されています．それは x <= y -> R x y です．これは「特殊化した条件のもとで元来のサブゴールが真である」を意味しています．

3.9 コマンド Definition, Lemma, Theorem, Corollary, Fact, Proposition, Remark, Proof, Qed, Fixpoint

本節では関数や補題を追加するコマンドとして Definition, Lemma, Theorem, Corollary, Fact, Proposition, Remark, Proof, Qed, Fixpoint の使い方を述べます．

3.9.1 コマンド Definition —— 関数を定義する

コマンド Definition を用いるとユーザ独自の関数を定義できます．

Definition コマンドの一般的な使い方は次のとおりです．推論が可能なときは型を省略することもできます．

```
Definition [関数名] ([パラメータ] : [型]): [型] :=
    [定義中の関数名を含まない項].
```

例として，自然数を2倍にする関数 double を定義します．

```
Definition double (n : nat) : nat := 2 * n.
```

推論を利用して，型を省略することもできます．

```
Definition double_2 (n : nat) := 2 * n.
```

次の例は，引数の型を省略しています．

```
Definition double_3 (n : _) : nat := 2 * n.
```

関数型言語に慣れている読者には次の書き方もわかりやすいでしょう．

```
Definition double_4 : nat -> nat := fun n : nat => 2 * n.
```

3.9.2 コマンド Lemma, Theorem, Corollary, Proof, Qed —— 補題を追加する

補題の追加はコマンド Lemma を用います．

```
Lemma [補題名] ([変数名] : [型]) : [型].
Proof.
[スクリプト]
Qed.
```

上と次は同じです．変数名の指定方法の違いに注意してください．

```
Lemma [補題名] : forall ([変数名] : [型]), [型].
Proof.
move=> [変数名].
[スクリプト]
Qed.
```

コマンド Proof は省略可能ですが，明記することで言明とスクリプトの区別が見やすくなります．

一方，Qed は省略できません．Qed には補題を登録する機能があります．

> 補足 ▶ Qed のかわりに Defined を使うと別の機能になります．具体的には，Lemma/Defined は Definition と同じ意味をもちます．たとえば，
>
> ```
> Lemma transparent_proof : 1 + 2 = 3.
> Proof.
> apply: eq_refl.
> Defined.
> ```
>
> と
>
> ```
> Definition transparent_proof : 1 + 2 = 3 := eq_refl.
> ```
>
> は同じです．

Lemma のかわりに，Theorem, Corollary, Fact, Proposition, Remark 等も使えます．Coq にとってこれらはすべて同じ機能をもちます．しかし人にとっては読みやすさが変わるため，使い分けてみるのもよいでしょう．

3.9.3 コマンド Fixpoint —— 再帰関数を定義する

コマンド Fixpoint は再帰関数を定義する命令です．

```
Fixpoint [関数名] ([変数名] : [型]): [型] := [定義中の関数名を含む項].
```

コマンド Fixpoint では定義に定義中の関数名を用いることが可能です．

たとえば，自然数 0 から k までを足し算する関数を次のように定義できます．

```
Fixpoint sum (k : nat) : nat :=
  match k with
  | 0 => 0
  | k'.+1 => k + sum k'
  end.
```

コマンド Fixpoint を用いるときの注意として，関数の停止性が挙げられます．これは再帰関数を定義するときの一般的な注意と同じです．停止しない関数を許してしまうと，Coq が型検査をできなくなります．

3.10　クエリー Compute —— 計算結果を表示する

クエリー Compute を使うと計算結果を確認できます．使い方はスクリプトエリアに

```
Compute [計算結果を求めたい式].
```

と書いて読み込みます．成功するとレスポンスエリアに

```
[計算結果]
```

が表示されます．

たとえば，Compute 1 + 1. を読み込むと，レスポンスエリアに

```
     = 2
     : nat
```

と表示されます．

ライブラリ ssrbool をインポートしていて Compute true && (false || true). を読み込むと，レスポンスエリアに

```
     = true
     : bool
```

と表示されます．

関数 kaijou を

```
Fixpoint kaijou (n : nat) : nat :=
  match n with
  | 0 => 1
```

```
  | S m => (S m) * kaijou (m)
  end.
```

と定義した上で Compute kaijou 5. を読み込むと，レスポンスエリアに

```
     = 120
     : nat
```

と表示されます．

3.11 クエリー Check, About, Print, Search, Locate

3.11.1 クエリー Check —— 型を調べる

クエリー Check を使うと項（補題や関数など）の型を調べられます．使い方はいくつかあります．一つは，調べたい項をドラッグして「Shift + Ctrl + C」を押す方法です．ほかに，スクリプトエリアに

```
Check [項].
```

と書いて読み込む方法もあります．成功するとレスポンスエリアに

```
[項] : [項の型]
```

が表示されます．

たとえば，論理積 and の型を Check で調べると，レスポンスエリアに

```
and : Prop -> Prop -> Prop
```

と表示されます．つまり，論理積 and の型は Prop -> Prop -> Prop です．これは，論理積は入力として Prop 型の要素を二つ与えると Prop 型を出力すると解釈できます．

論理積 and は帰納的型として定義されており (→ 3.4.3 項)，構成子 conj をもちます．クエリー Check を使って構成子 conj の型を調べると

```
conj : forall A B : Prop, A -> B -> A /\ B
```

と表示されます．つまり，構成子 conj の型は forall A B : Prop, A -> B -> A /\ B です．

補足 ▶ Check クエリーは型を強制的に違う型とみなせるか確認する機能をもちます．この機能を利用するにはスクリプトエリアに

```
Check [項] : [強制する型].
```

と書いて読み込みます．
　たとえば，`Prop` 型の要素 `True` に対して

```
Check True : Set.
```

を読み込むと，

```
True : Set
```

と表示されます．これは `True` を `Set` 型として扱えることを意味しています．扱えない場合はレスポンスエリアにエラーメッセージが表示されます．たとえば，扱えない例として

```
Check and : Set.
```

を読み込むと，

```
Error:
The term "and" has type
 "Prop -> Prop -> Prop"
while it is expected to have type
 "Set".
```

と表示されます．

3.11.2　クエリー About ── 型を詳しく調べる

クエリー About を使うと項（補題や関数など）の型を調べられます．クエリー About はクエリー Check に比べて表示する情報量が多いことが特徴です．とくに暗黙の引数が表示されます．

使い方は 2 通りあります．一つは，調べたい項をドラッグして「Shift ＋ Ctrl ＋ A」を押す方法です．もう一つは，スクリプトエリアに

```
About [項].
```

と書いて読み込む方法です．成功するとレスポンスエリアに

```
[項] : [項の型]
推論される引数
項が定義されているファイルの情報など
```

が表示されます．

たとえば，論理積 `conj` の型を About で調べると，レスポンスエリアに

```
conj :
forall A B : Prop, A -> B -> A /\ B
```

```
Arguments A, B are implicit
Argument scopes are [type_scope type_scope _ _]
Expands to: Constructor
Coq.Init.Logic.conj
```

と表示されます．A，B と書かれた Prop 型の二つの引数が推論されることや，ファイル Coq.Init.Logic で定義されていることなどが書かれています．

3.11.3 クエリー Print —— 定義を調べる

クエリー Print を用いると，関数や補題の定義を調べられます．クエリー Print の使い方はいくつかあります．一つは，調べたい項をドラッグして「Shift + Ctrl + P」を押す方法です．ほかに，スクリプトエリアに

```
Print [項].
```

と書いて読み込む方法もあります．成功するとレスポンスエリアに

```
[項] の定義と関連する情報.
```

が表示されます．

Print はクエリー About のように，暗黙の引数等について情報を表示します．項は，インポートしたライブラリやユーザが独自に追加した名前を指定します．

Inductive で定義された型と構成子もクエリー Print で調べられます．帰納的型の場合でも構成子の場合でも帰納的型の全定義が表示されます．

構成子 conj をクエリー Print で調べると

```
Inductive and (A B : Prop) : Prop :=  conj : A -> B -> A /\ B

For conj: Arguments A, B are implicit
For and: Argument scopes are [type_scope type_scope]
For conj: Argument scopes are [type_scope type_scope _ _]
```

と表示されます．conj が帰納的型 and の構成子として定義されていることが読み取れます．

3.11.4 クエリー Search —— 補題の検索

クエリー Search を使うと，ライブラリ内もしくはユーザが追加した補題のうち，条件を満たすものの一覧を表示できます．

使い方は，スクリプトエリアに

```
Search [(パターン)・_] [(パターン)・"記法"・識別名・"文字列"]
    ... in [ライブラリ].
```

と書いて読み込みます．「in [ライブラリ]」は省略可能です．成功するとレスポンスエリアに

```
補題名  補題の型
補題名  補題の型
補題名  補題の型
```

のように表示されます．

クエリー Search の使い方は複雑なため，簡単な例をいくつか挙げていきます．

- **例 1**：　帰結（サブゴールの最も右の項）のなかから論理積∧を含む補題を検索するときは「Search (_ /\ _).」を読み込みます．インポートしているライブラリが ssreflect だけであれば，レスポンスエリアに

```
Listing only lemmas with conclusion matching (_ /\ _)
Bool.orb_false_elim
    forall b1 b2 : bool,
    (b1 || b2)%bool = false -> b1 = false /\ b2 = false
Bool.andb_true_eq
    forall a b : bool,
    true = (a && b)%bool -> true = a /\ true = b
Bool.andb_prop_elim
    forall a b : bool,
    Bool.Is_true (a && b) ->
    Bool.Is_true a /\ Bool.Is_true b
andb_prop
    forall a b : bool,
    (a && b)%bool = true -> a = true /\ b = true
conj    forall A B : Prop, A -> B -> A /\ B
iff_and
    forall A B : Prop, A <-> B -> (A -> B) /\ (B -> A)
```

が表示されます．引数で与えた「_」(アンダーバー) は適当な項を表すために使われます．この例では二つのアンダーバーが使われています．検索結果の最後にある iff_and の帰結は (A -> B) /\ (B -> A) です．左右二つのアンダーバーに対応しているものは，左が (A -> B) で右が (B -> A) です．このアンダーバーはプレースホルダーとよばれることがあります．

検索結果の補題は証明中でタクティクとともに apply: iff_and のように利用できます．

3.11 クエリー Check, About, Print, Search, Locate

- **例 2：** 帰結に等号を含み，かつその左辺に加法を含む補題を検索するときは「Search _ (_ + _ = _).」を読み込みます．インポートしたライブラリが ssreflect と ssrnat であれば，レスポンスエリアに

  ```
  Listing only lemmas with conclusion matching (_ + _ = _)
  addSn    forall m n : nat, m.+1 + n = (m + n).+1
  add1n    forall n : nat, 1 + n = n.+1
  addnS    forall m n : nat, m + n.+1 = (m + n).+1
  addSnnS  forall m n : nat, m.+1 + n = m + n.+1
  addn1    forall n : nat, n + 1 = n.+1
  addn2    forall m : nat, m + 2 = m.+2
  ```

  を含む結果が表示されます．

- **例 3：** Search に複数の引数を与えるとき，最初の引数が帰結の条件を，他の引数は言明の条件を定めることになります．

  たとえば「Search (_ * _) (_ < _) (_ <= _).」を読み込むと，帰結に * を含み，かつ言明のどこかに < と <= の両方を含む補題をレスポンスエリアに表示します．インポートしているライブラリが ssreflect と ssrnat だけであれば，レスポンスエリアに

  ```
  muln_gt0
      forall m n : nat,
      (0 < m * n) = ((0 < m) && (0 < n))%bool
  leq_pmull
      forall m n : nat,
      is_true (0 < n) -> is_true (m <= n * m)
  leq_pmulr
      forall m n : nat,
      is_true (0 < n) -> is_true (m <= m * n)
  leq_pmul2l
      forall m n1 n2 : nat,
      is_true (0 < m) ->
      (m * n1 <= m * n2) = (n1 <= n2)
  leq_pmul2r
      forall m n1 n2 : nat,
      is_true (0 < m) ->
      (n1 * m <= n2 * m) = (n1 <= n2)
  eqn_pmul2l
      forall m n1 n2 : nat,
      is_true (0 < m) ->
      eqtype.eq_op (m * n1) (m * n2) =
      eqtype.eq_op n1 n2
  eqn_pmul2r
      forall m n1 n2 : nat,
  ```

```
            is_true (0 < m) ->
            eqtype.eq_op (n1 * m) (n2 * m) =
            eqtype.eq_op n1 n2
    ltn_mul2l
            forall m n1 n2 : nat,
            (m * n1 < m * n2) =
            ((0 < m) && (n1 < n2))%bool
    ltn_mul2r
            forall m n1 n2 : nat,
            (n1 * m < n2 * m) =
            ((0 < m) && (n1 < n2))%bool
    ltn_pmul2l
            forall m n1 n2 : nat,
            is_true (0 < m) ->
            (m * n1 < m * n2) = (n1 < n2)
    ltn_pmul2r
            forall m n1 n2 : nat,
            is_true (0 < m) ->
            (n1 * m < n2 * m) = (n1 < n2)
    ltn_Pmull
            forall m n : nat,
            is_true (1 < n) ->
            is_true (0 < m) -> is_true (m < n * m)
    ltn_Pmulr
            forall m n : nat,
            is_true (1 < n) ->
            is_true (0 < m) -> is_true (m < m * n)
    ltn_mul
            forall m1 m2 n1 n2 : nat,
            is_true (m1 < n1) ->
            is_true (m2 < n2) ->
            is_true (m1 * m2 < n1 * n2)
```

が表示されます．

- **例 4：** Search に与える引数を帰結に制限しないようにするには，最初の引数をアンダーバーにします．つまり帰結の条件を任意の項とすることによって，帰結を制限しないようにします．

　　たとえば，（帰結に限らず）言明に論理積∧を含む補題を検索するときは「Search _ (_ /\ _).」を読み込みます．インポートしているライブラリが ssreflect だけであれば，レスポンスエリアに

```
    Bool.orb_false_iff
            forall b1 b2 : bool,
            (b1 || b2)%bool = false <-> b1 = false /\ b2 = false
```

```
Bool.orb_false_elim
   forall b1 b2 : bool,
   (b1 || b2)%bool = false -> b1 = false /\ b2 = false

... 略 ...

and_comm   forall A B : Prop, A /\ B <-> B /\ A
and_assoc
   forall A B C : Prop, (A /\ B) /\ C <-> A /\ B /\ C
iff_and
   forall A B : Prop, A <-> B -> (A -> B) /\ (B -> A)
iff_to_and
   forall A B : Prop, (A <-> B) <-> (A -> B) /\ (B -> A)
unique_existence
   forall (A : Type) (P : A -> Prop),
   (exists x : A, P x) /\ uniqueness P <->
   (exists ! x : A, P x)

... 略 ...
```

のように表示されます．結果が多いため，一部を略しました．

- **例5：** Search の検索範囲を特定のライブラリに制限する場合は，in に続けてライブラリ名を指定します．

　たとえば，インポートしているライブラリが ssreflect と ssrbool のとき，「Search _ (_ && _) in ssrbool.」を読み込むと，Coq の標準ライブラリと ssreflect が検索対象から外され，ssrbool 中の以下の補題がレスポンスエリアに表示されます．

```
andP
   forall b1 b2 : bool,
   reflect (b1 /\ b2) (b1 && b2)
and3P
   forall b1 b2 b3 : bool,
   reflect [/\ b1, b2 & b3] [&& b1, b2 & b3]
and4P
   forall b1 b2 b3 b4 : bool,
   reflect [/\ b1, b2, b3 & b4]
     [&& b1, b2, b3 & b4]
and5P
   forall b1 b2 b3 b4 b5 : bool,
   reflect [/\ b1, b2, b3, b4 & b5]
     [&& b1, b2, b3, b4 & b5]
nandP
   forall b1 b2 : bool,
```

```
             reflect (~~ b1 \/ ~~ b2) (~~ (b1 && b2))
andbN    forall b : bool, b && ~~ b = false
andNb    forall b : bool, ~~ b && b = false
andb_idl
         forall a b : bool, (b -> a) -> a && b = b
andb_idr
         forall a b : bool, (a -> b) -> a && b = a
andb_id2l
         forall a b c : bool,
         (a -> b = c) -> a && b = a && c
andb_id2r
         forall a b c : bool,
         (b -> a = c) -> a && b = c && b
negb_and
         forall a b : bool, ~~ (a && b) = ~~ a || ~~ b
negb_or
         forall a b : bool, ~~ (a || b) = ~~ a && ~~ b
andbK    forall a b : bool, a && b || a = a
andKb    forall a b : bool, a || b && a = a
orbK     forall a b : bool, (a || b) && a = a
orKb     forall a b : bool, a && (b || a) = a
negb_imply
         forall a b : bool, ~~ (a ==> b) = a && ~~ b
```

3.11.5 クエリー Locate ── 記法の確認

クエリー Locate を用いると，補題・定義・構成子や記法などがどのライブラリで定義されているかが表示されます．

まず，その表示方法を述べます．方法はいくつかあります．一つは，調べたい項をドラッグして「Shift ＋ Ctrl ＋ L」を押す方法です．ほかに，スクリプトエリアに

```
Locate ［項］．
```

と書いて読み込む方法もあります．成功するとレスポンスエリアに

```
［項］ : ［項の型］
```

が表示されます．

たとえば補題 and_comm: forall A B : Prop, A /\ B <-> B /\ A が証明されているライブラリを調べるには，and_comm に対してクエリー Locate を実行します．成功するとレスポンスエリアに

```
Constant Coq.Init.Logic.and_comm
```

と表示されます．ここから Coq の標準ライブラリにあることがわかります．Coq が Windows バイナリ版のデフォルトの設定でインストールされていれば，標準ライブラリは C:¥Coq¥lib¥theories¥ フォルダ以下のファイルを指します．とくに上の場合，C:¥Coq¥lib¥theories¥Init¥Logic.v ファイルに補題 and_comm があることを意味しています．

続いてライブラリ ssrnat で導入されている補題 ltn0Sn: forall n : nat, is_true (0 < n.+1) を Locate クエリーで調べましょう．補題名 ltn0Sn を調べると，ライブラリ ssrnat がインポートされていなければレスポンスエリアに

```
No object of basename ltn0Sn
```

と表示されます．もしインポートされていれば，

```
mathcomp.ssreflect.ssrnat.ltn0Sn
```

と表示され，これは MathComp ライブラリにあることを表しています．MathComp が Windows バイナリ版のデフォルトの設定でインストールされていれば，MathComp は C:¥Coq¥lib¥user-contrib¥mathcomp¥ フォルダ以下のファイルを指します．とくに上の場合，C:¥Coq¥lib¥user-contrib¥mathcomp¥ssreflect¥ssrnat.v ファイルに補題 ltn0Sn があることを意味しています．

今度は論理演算子 and の定義が導入されているライブラリを調べます．and に対して Locate クエリーを実行します．成功するとレスポンスエリアに

```
Inductive Coq.Init.Logic.and
```

と表示されます．ここから C:¥Coq¥lib¥theories¥Init¥Logic.v ファイルで and が定義されていることがわかります．

次は構成子 conj が導入されているライブラリを調べます．conj に対して Locate クエリーを実行します．成功するとレスポンスエリアに

```
Constructor Coq.Init.Logic.conj
```

と表示されます．ここから C:¥Coq¥lib¥theories¥Init¥Logic.v ファイルで conj が定義されていることがわかります．これは，上で調べた and と同じファイルです．

Locate のもう一つの機能である，記法が何を表すか表示する方法を述べます．方法はいくつかあります．一つは，調べたい項を「"」（ダブルコーテーション）で挟んでから選択して「Shift + Ctrl + L」を押す方法です．ほかに，スクリプトエリアに

```
Locate ["記法"].
```

と書いて読み込む方法もあります．成功するとレスポンスエリアに

```
Notation            Scope
"[記法]" : [記法の定義 : スコープ]
([その他の情報])
```

が表示されます．

記法 /\ が何を表すか調べましょう．記法をダブルコーテーションで挟んだ"/\"に対して Locate クエリーを実行します．インポートしているライブラリが ssreflect だけであれば，成功するとレスポンスエリアに

```
Notation            Scope
"A /\ B" := and A B  : type_scope
                    (default interpretation)
```

と表示されます．これは A /\ B が and A B を表すことを意味しています．この後に続く type_scope は**スコープ**を表しています．スコープとは記法をまとめたものを指します．たとえば，ここで表示された type_scope には論理演算子の記法がまとめられています．スコープの使い方は，ここでは省略します．

今度は記法 + が何を表すか調べましょう．記法をダブルコーテーションで挟んだ"+"に対して Locate クエリーを実行します．インポートしているライブラリが ssreflect だけであれば，成功するとレスポンスエリアに

```
Notation            Scope
"{ A } + { B }" := sumbool A B : type_scope
                    (default interpretation)
"A + { B }" := sumor A B      : type_scope
                    (default interpretation)
"x + y" := Nat.add x y         : nat_scope
                    (default interpretation)
"x + y" := sum x y    : type_scope
```

と表示されます．インポートしているライブラリが ssreflect と ssrnat であれば，レスポンスエリアに

```
Query commands should not be inserted in scripts
Notation            Scope
"{ A } + { B }" := sumbool A B : type_scope
                    (default interpretation)
"A + { B }" := sumor A B      : type_scope
                    (default interpretation)
"m + n" := Nat.add m n         : coq_nat_scope
```

```
"m + n" := addn_rec m n        : nat_rec_scope
"m + n" := addn m n   : nat_scope
                      (default interpretation)
"x + y" := sum x y    : type_scope
```

と表示されます．

同じ nat_scope の a + b であっても，前者では Nat.add a b を表し，後者では addn a b を表します．Nat.add は Coq の標準ライブラリで導入されている関数であり，addn は SSReflect で導入されている関数です．これらを扱う補題は異なるため，注意が必要です．

3.12 コマンド Abort, Admitted

3.12.1 コマンド Abort —— 証明を中止する

コマンド Abort を補題の証明中に使うと，その補題の証明を中止します．その補題は，証明した補題として扱われません．

使い方は証明中に Abort. と書き，コマンドを読み込みます．

たとえば，

```
Lemma AbortTest (A : Prop) : A -> A.
Proof.
```

を読み込むとゴールエリアに

```
1 subgoal
A : Prop
_____(1/1)
A -> A
```

と表示されます．ここでスクリプトエリアに Abort. を追加して読み込むと，ゴールエリアからメッセージがなくなります．この補題 AbortTest をクエリー Check で調べると，レスポンスエリアに

```
Error: The reference AbortTest was not found
in the current environment.
```

と表示されます．補題 AbortTest は証明された補題ではないことがわかります．次に述べるコマンド Admitted との違いを意識するとよいでしょう．

3.12.2 コマンド Admitted —— 証明を中止し，補題として記憶する

コマンド Admitted を補題の証明中に使うと，その補題の証明を中止します．その補題は，証明した補題として扱われます．

使うには証明中に Admitted. と書き，コマンドを読み込みます．

たとえば，

```
Lemma AdmittedTest (A : Prop) : A -> A.
Proof.
```

を読み込むとゴールエリアに

```
1 subgoal
A : Prop
_____(1/1)
A -> A
```

と表示されます．ここでスクリプトエリアに Admitted. を追加して読み込むと，ゴールエリアからメッセージがなくなり，レスポンスエリアに

```
AdmittedTest is assumed
```

と表示されます．この補題 AdmittedTest をクエリー Check で調べると，レスポンスエリアに

```
AdmittedTest
     : forall A : Prop, A -> A
```

と表示されます．補題 AdmittedTest が証明された補題のように扱われることがわかります．先に述べたコマンド Abort との違いを意識するとよいでしょう．

3.13 スクリプトの管理と整理 —— コマンド Variable(s), Hypothesis, Axiom

3.13.1 コマンド Variable(s)

コマンド Variable を使うと，文字列が特定の型の要素であることを宣言できます．使い方は

```
Variable [文字列] : [型].
```

です．複数の文字列を同時に宣言するには，次のように複数形 Variables を用います．

```
Variables [文字列] ... [文字列] : [型].
```

このコマンドは，補題や関数の定義内や証明中では利用できません．

たとえば，

```
Variable n : nat.
Variables A B : Prop.
```

とすれば，n は nat 型の要素，A と B は Prop 型の要素として扱われます．

ここで

```
Lemma varTest (C : Prop) : A /\ C -> False.
```

を読み込むと，ゴールエリアに

```
1 subgoal
C : Prop
_____(1/1)
A /\ C -> False
```

と表示されます．文字列 A が Prop 型をもつ要素として扱われています．

コマンド Variable は，コマンド Section/End (→ 2.2 節) と組み合わせて使うと便利です．セクション内で Variable を使うと，宣言された文字列はセクションの終わりを示す End まで同じ意味で扱われます．一方，セクションが終わると Variable の効果がなくなります．

もしセクションの外で Variable を使うと，それ以降は宣言された文字列が同じ意味で扱われ続けます．

コマンド Variable は変数名の宣言だけでなく，型の要素の存在性を仮定する意味をもちます．たとえば

```
Variable X : Type.
```

と書いたとき，X は一般の型を表すため要素をもつかどうかわかりません．しかし

```
Variable x : X.
```

を読み込むと，要素 x : X があることが仮定されます．

3.13.2　コマンド Hypothesis

コマンド Hypothesis を使うと，言明が真であることの証明をもつことを仮定できます．使い方は

```
Hypothesis [証明名] : [言明].
```

です．このコマンドは，補題や関数の定義内や証明中では利用できません．

たとえば，

```
Variables A : Prop.
Hypothesis a : A.
```

を読み込ませると，(Prop 型の要素である) 言明 A に証明 a があることが仮定されます．実際，

```
Lemma HypoTest : A.
```

の証明として

```
Proof. by apply: a. Qed.
```

とできます．

　コマンド Hypothesis は，Variable と同様に，コマンド Section/End と組み合わせて使うと便利です．セクション内で Hypothesis を使うと，セクションが終わる End まで証明の存在が仮定されます．一方，セクションが終わると Hypothesis の効果がなくなります．

　もしセクションの外で Hypothesis を使うと，それ以降は宣言された文字列が同じ意味で扱われ続けます．

3.13.3　コマンド Axiom

　コマンド Axiom を使うと，言明が真であること，とくに証明をもつことを仮定できます．使い方は

```
Axiom [証明名] : [言明].
```

です．

　たとえば，

```
Variables A : Prop.
Axiom a : A.
```

を読み込ませると，(Prop 型の要素である) 言明 A に証明 a があることが仮定されます．このコマンドは，補題や関数の定義内や証明内では利用できません．

　コマンド Hypothesis と異なり，セクション内で証明の存在を仮定した場合，そのセクション外でも仮定され続けます．たとえば

```
Section AxiomTest.

Variables A : Prop.
Axiom a_axiom : A.
Hypothesis a_hypo : A.

End AxiomTest.
```

を読み込んだ後，クエリー Check で a_axiom を調べると，

```
a_axiom
     : forall A : Prop, A
```
とメッセージエリアに表示されます．

ちなみにクエリー Check で a_hypo を調べると，メッセージエリアに

```
Error: The reference a_hypo was not found
in the current environment.
```

とエラーが表示されます．

3.14　コマンド Inductive

コマンド Inductive は**帰納的型**を定義する命令です．帰納的型とは，いくつかの条件で定義される型であって，その条件に再帰的な記述も許したものです．定義で定めた条件のうち，一つでも満たすもののみをその型の要素とみなします．

一般的な書式は以下のとおりです．

```
Inductive ［定義する型名］［パラメータ］ : ［定義する型の型］ :=
 | ［構成子名 1］ : ［（構成子 1 の）型］
 | ［構成子名 2］ : ［（構成子 2 の）型］
 ...
 | ［構成子名 n］ : ［（構成子 n の）型］.
```

ここで，

- パラメータは定義中に用いる変数・関数の一覧です．パラメータは「（パラメータ 1:型 1）…」と書かれるものを並べたものです（コマンド Lemma などと同様です）．
- 「定義する型の型」は Prop, Set, Type などです[1]．定義する型が命題であれば Prop を選びます．定義する型が bool や自然数等のデータ構造であれば Set を選びます．より一般的な型にする場合は Type を選びます．
- **構成子**とは型の定義の条件を表す名前のことです[2]．構成子の型は「型 → 型 → … → 型」と表されますが，そのうちの最後の型は定義する型名とパラメータを組み合わせたものとします[3]．

---

[1] これらはソートとよばれます．
[2] 例として bool（→ 3.4.1 項），nat（→ 3.4.7 項）の定義を見ると，その意味が掴みやすいでしょう．
[3] 例として and（→ 3.4.3 項），nat（→ 3.4.7 項）の定義を見ると，その意味が掴みやすいでしょう．実際に，構成子の一般的な形は「forall（引数 1:引数 1 の型）…, 定義する型名 パラメータ 1 …」となります．たとえば，存在記号の ex_intro 構成子で確認できます（→ 3.4.6 項）．

ちなみに，構成子なしでも定義可能です．たとえば，False 命題(→ 3.4.5 項)は構成子のない機能的型として定義されています．

コマンド Inductive を読み込むと，定義した型名だけでなく，その型名に _ind, _rect, _rec のついた型のいくつかが同時に定義されます．これらの型はタクティク case, elim と密接に関係します(→ 3.4 節，3.5 節)．

3.15 コマンド Record, Canonical

3.15.1 コマンド Record —— 複数の型から型を定義する

コマンド Record を使うと型をまとめることができます．
これを使うには，スクリプトエリアに

```
Record [定義する型名] [パラメータ] : [定義する型の型] := [構成子名] {
  [フィールド 1] : [（フィールド 1 の）型] ;
  [フィールド 2] : [（フィールド 2 の）型] ;
  ...
  [フィールド n] : [（フィールド n の）型] }.
```

と書いて読み込みます．各用語（フィールド等）は下で述べる例を参考にしてください．
Record は，複数の集合や条件で構成される数学的対象を形式化するのに便利なコマンドです．

- **例 1：** 集合 M と M 上の二項演算 $*$ の組 $(M, *)$ を形式化してみましょう．数学ではこういった組を**マグマ**とよぶことがあります．まず，演算をもつ集合 M を形式化します．ここではできるだけ一般性をもたせて，抽象的な型として定義しましょう．具体的には carrier : Type とします．数学では演算の定義された対象を**台**，英語で **carrier set** とよぶことからこのような名前をつけました．二項演算は carrier の二つの要素から carrier の一つの要素への対応です．そこで演算を operator と名づけて operator : carrier -> carrier -> carrier と形式化します．これらを用いて $(M, *)$ を形式化しましょう．ここでコマンド Record を用います．$(M, *)$ を形式化する型の名前を magma とするには

  ```
  Record magma : Type := Magma {
    carrier : Type ;
    operator : carrier -> carrier -> carrier }.
  ```

  とします．読み込みが成功すれば，メッセージエリアに

  ```
  magma is defined
  ```

```
carrier is defined
operator is defined
```

と表示されます．ちなみに上のように定めた carrier や operator は magma の**フィールド**とよばれます．

コマンド Check を用いて，いま定義した magma を調べると

```
magma
     : Type
```

と表示され，一般的な型の要素となったことがわかります．コマンド Record によって定義される型は構成子を一つもちます．上では構成子を Magma と名づけています．この構成子をコマンド Check により調べると，メッセージエリアに

```
Magma
     : forall carrier : Type,
       (carrier -> carrier -> carrier) -> magma
```

と表示されます．これは，（台に相当する）型とその型上の二項演算を与えると，型 magma をもつ要素が得られることを意味しています．

型 magma をもつ要素を構成してみましょう．論理演算 ∧ の表す and の型は Prop -> Prop -> Prop です．そこでマグマ (Prop, ∧) を定義します．形式化したときの名前を prop_and_magma としましょう．次のスクリプトを読み込むことで定義できます．

```
Definition prop_and_magma := Magma Prop and.
```

成功するとメッセージエリアに

```
prop_and_magma is defined
```

と表示されます．同様に自然数上の加法を使ってマグマ (ℕ, +) を定義するには

```
Definition nat_plus_magma := Magma nat plus.
```

などが考えられます．

このように定義した prop_and_magma や nat_plus_magma の型をコマンド Check で調べると，それぞれ prop_and_magma : magma, nat_plus_magma : magma と表示されます．また，コマンド Print で調べると，前者は

```
prop_and_magma =
{| carrier := Prop; operator := and |}
     : magma
```

と表示され，後者は

```
nat_plus_magma =
{| carrier := nat; operator := Nat.add |}
     : magma
```

と表示されます．

定義したマグマの台は carrier prop_and_magma のように指定できます．演算も同様で operator prop_and_magma とできます．言明を記述する場合は

```
Lemma PropMagmaFalse (x y: carrier prop_and_magma) :
operator prop_and_magma x False -> y.
```

もしくは

```
Lemma PropMagmaFalse2 (x y: Prop) :
operator prop_and_magma x False -> y.
```

のように記述します．

- **例 2:** コマンド Record を用いて代数的構造のヒエラルキーを実現します．

例としてマグマを利用して半群を定義してみましょう．半群とは結合法則を満たすマグマです．すでに例 1 でマグマは型 magma として形式化しました．ですから半群の型 semigroup を，magma に結合法則を追加した型として定義したいところです．これはコマンド Record を用いることで

```
Record semigroup : Type := Semigroup {
  scarrier : magma ;
  assoc : forall a b c : carrier scarrier,
    operator scarrier a (operator scarrier b c)
    = operator scarrier (operator scarrier a b) c }.
```

により定義できます．まさに，追加の雰囲気が出ていると思います．

さらに，マグマ nat_plus_magma から半群 nat_plus_semigroup を構成してみましょう．加法が結合法則を満たすことは補題 addnA として MathComp のライブラリ ssrnat に登録されています．そこで ssrnat をインポートしてから

```
Definition nat_plus_semigroup := Semigroup nat_plus_magma
    addnA.
```

を読み込めば構成できます．

3.15.2 コマンド Canonical

コマンド Canonical を使うと，Record で定義されたフィールドの推論が可能になります．使い方は

```
Canonical [Record 型をもつ要素].
```

と書いて読み込みます[*1]。

例として，前項のマグマ nat_plus_magma と半群 nat_plus_semigroup を用いて解説します．準備として次のスクリプトをご覧ください．

```
Notation "a ^ b" := (operator _ a b).

Lemma natPlusExample1 (x y z : carrier nat_plus_magma): x ^ (y ^ z)
  = (x ^ y) ^ z.
Proof. by rewrite (assoc nat_plus_semigroup). Qed.
```

最初の行で記法 a ^ b を定義しています．具体的には型 magma のフィールド operator の記法としています．その後，補題 natPlusExample1 では型 carrier nat_plus_magma をもつ三つの要素に対して，演算 ^ が結合法則を満たすという言明を述べ，その証明として assoc nat_plus_semigroup による等式変形があることを述べています．

もしここで x, y, z の型を nat とした言明

```
Lemma natPlusExample2 (x y z : nat): x ^ (y ^ z) = (x ^ y) ^ z.
Proof. by rewrite (assoc nat_plus_semigroup). Qed.
```

を読み込むとどうなるでしょうか．結果，メッセージエリアにエラーメッセージ

```
Error:
In environment
x : nat
y : nat
z : nat
The term "x" has type
"nat"
while it is expected to have type
 "carrier ?m".
```

が表示されます．これは演算 ^ の引数が型 carrier ?m という形をしていないことを指摘しています．しかし本来，nat_plus_magma はマグマ $(\mathbb{N}, +)$ を形式化したものです．ですから，$\mathbb{N}$ を形式化した nat に対する性質として言明を述べたくなります．

そこでコマンド Canonical が役立ちます．上の natPlusExample2 の前に

```
Canonical nat_plus_magma.
```

を読み込んでから，再度 natPlusExample2 の言明と証明を読み込みましょう．今

[*1] Canonical Structure と Canonical は同じです．

度はエラーが表示されません．コマンド Canonical により，nat_plus_magma の carrier nat_plus_magma が nat として定義されたことを Coq が推論できるようになったためです．

今度は証明を短くして，

```
Lemma natPlusExample2 (x y z : nat): x ^ (y ^ z) = (x ^ y) ^ z.
Proof. by rewrite assoc. Qed.
```

としてみます．これを読み込むと，メッセージエリアにエラーメッセージ

```
Error: The LHS of assoc
    (_ ^ _ ^ _)
does not match any subterm of the goal
```

が表示されます．補題（もしくはフィールド）assoc の左辺（Left Hand Side, LHS）がサブゴールのどの項にもマッチしていない，という意味です．

そこで，先ほどのコマンド Canonical に続き，

```
Canonical nat_plus_semigroup.
```

を読み込みましょう．改めて上の短い証明を読み込むと，今度は成功します．つまり，半群 nat_plus_semigroup の性質も型 nat とその演算 plus に適用できました．Coq が推論に成功したということです．

補足 ▶ 先の記法 ^ では台 carrier を明記せずアンダーバー（プレースホルダー）として定めました．ですから，改めて記法を定めることなく，別のマグマ prop_and_magma に対しても次のような記述が可能となります．

```
Lemma PropMagmaFalse1 (x y: carrier prop_and_magma) :
x ^ False -> y.
```

そして先ほどと同様に，

```
Canonical prop_and_magma.
```

```
Lemma PropMagmaFalse2 (x y: Prop) :
x ^ False -> y.
```

とすることもできます．

3.16 Coq のタクティク split，left，right，exists

ここまで，SSReflect の命令を見てきました．一方，Coq に SSReflect をインポートした状態でも，Coq 本来のタクティクのほとんどを利用できます．これらをうまく

利用することで，証明が読みやすくなります．ここでは Coq のタクティクのうち，とくに便利な split, left, right, exists の四つを解説します．

3.16.1 Coq タクティク split
Coq タクティク split は，サブゴール「A /\ B」を二つのサブゴール「A」と「B」に変形する命令です．これは apply: conj と同様です．図 3.44 はその実行例です．

ゴールエリア（前）	タクティク	ゴールエリア（後）
P : Prop Q : Prop ──────── Q /\ P	apply conj. または split.	P : Prop Q : Prop ──────── Q subgoal 2 is: P

図 3.44　Coq タクティク「split」の実行例

split は Coq の伝統的なタクティクです．apply: conj よりもスクリプトが読みやすくなるでしょう．

3.16.2 Coq タクティク left, right
Coq タクティク left は，サブゴール「A \/ B」をサブゴール「A」に変形する命令です．これは apply: or_introl と同様です．図 3.45 はその実行例です．

ゴールエリア（前）	タクティク	ゴールエリア（後）
P : Prop Q : Prop ──────── Q \/ P	apply or_introl. または left.	P : Prop Q : Prop ──────── Q

図 3.45　Coq タクティク「left」の実行例

一方，Coq タクティク right はサブゴール「A \/ B」をサブゴール「B」に変形する命令です．これは apply: or_intror と同様です．図 3.46 はその実行例です．

left, right も Coq の伝統的なタクティクです．apply: or_introl, apply: or_intror よりもスクリプトが読みやすくなるでしょう．

3.16.3 Coq タクティク exists
Coq タクティク exists a は，サブゴール「exists x, P x」をサブゴール「P a」

図 3.46 Coq タクティク「right」の実行例

に変形する命令です．ここで a はある型 A の要素であり，P は A -> Prop 型の要素です．これは apply: (ex_intro P a) と同様です．図 3.47 はその実行例です．

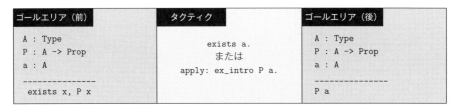

図 3.47 タクティク「exists」による ex の構成

▶第 3 章　演習問題

問 3.1　赤玉と白玉の 2 要素からなる型「紅白玉」を Inductive により定義せよ．

問 3.2　Print を用いて，型 list の定義を確かめよ．
また，型「list 紅白玉」をもつ型「玉の列」を定義せよ．

問 3.3　次のうち，型「list 紅白玉」をもつのはどれか，Check を用いて確かめよ．

- nil
- 赤玉
- cons 赤玉 nil
- nil cons 赤玉 nil
- cons 白玉 (cons 赤玉 nil)

問 3.4　Fixpoint を用いて型「玉の列 -> nat」をもつ関数「赤数え」を定義せよ．ただし，「赤数え」は玉の列の要素にある赤玉の個数を出力する関数である．
例として，赤数え nil = 0，赤数え cons 赤玉 nil = 1，赤数え cons 白玉 nil = 1，赤数え cons（赤玉 cons 赤玉 nil）= 2 と出力する．
また，正しく出力するかどうか Compute を用いて試行せよ．

4

MathCompライブラリの基本ファイル

　本章では，SSReflect，MathCompの代表的なライブラリを紹介します．複雑な証明には，ライブラリの活用は欠かせません．必要なものを自分の環境に仕入れて，自身の形式化やライブラリづくりに活用していきましょう．

第1章で述べたように，SSReflect と MathComp は，離散数学や代数学の分野の定理を形式化するために開発されました．そこで形式化された定義や言明は，SSReflect/MathComp にライブラリとして同封されています．本章では，数あるライブラリのうち，基本的なものを厳選して解説します．ライブラリの活用は，形式化を円滑にします．また，本章の内容は，読者が独自に形式化したファイルを公開するときの参考にもなるでしょう．

4.1 ssrbool.v —— bool 型のためのライブラリ

4.1.1 概要

ssrbool は Coq で定義されている bool 型をより使いやすくする記法や補題を提供します．それだけでなく，3.7.10 項の `is_true` コアーション，表 3.7 のリフレクション補題，本節で新たに述べる bool 型の述語関数 `pred T := T -> bool`，そして mem と `x \in A` なども提供します．

ssrbool.v はライブラリ MathComp のフォルダ ssreflect 内にあります．Windows バイナリ版のデフォルト設定でインストールしていれば，ファイルの位置は C:¥Coq¥lib¥user-contrib¥mathcomp¥ssreflect¥ssrbool.v となります．

4.1.2 提供する記法・定義

ssrbool が提供する bool 型上の論理演算の記法と Prop 型上の論理演算の記法は似ていますが，異なります．たとえば論理否定の記法は，bool 型では ~~ であり，Prop 型では ~ です．

表 4.1 は ssrbool が提供する定義と記法の一部です．この表に論理積 && と論理和 || が書かれていないのは，この二つの演算の記法は ssrbool ではなく Coq の標準ライブラリが提供するためです．

ssrbool が提供する大切な定義の一つがブール述語です．**ブール述語**とは値域が bool 型の関数 `T -> bool` のことです．定義域の型 T は何でもかまいません．MathComp ではブール述語が随所で使われています．

ブール述語の記法として `pred T` が提供されます．ライブラリ ssrfun もインポートすれば述語 `fun x : bool => x && true` などを `[pred x | x && true]` のように表せます．

ブール述語を使うメリットの一つは，計算による証明が可能となることです．例を挙げましょう．まず次のスクリプトを読み込んでみましょう．

```
From mathcomp
```

4.1 ssrbool.v ── bool 型のためのライブラリ

表 4.1 ssrbool が提供する定義と記法の例

記法・定義	意味
~~	論理否定 negb. ~~ b := (negb b)
==>	論理含意 implb. b ==> c := (implb b c)
addb, (+)	排他的論理和 addb. addb b c := if b then negb c else id c b1 (+) b2 := (addb b1 b2)
[&& , , &]	論理積の反復. [&& b1 & b2] := (b1 && b2) [&& b1, b2 & b3] := (b1 && (b2 && b3)) [&& b1, b2, b3 & b4] := (b1 && (b2 && (b3 && b4)))
[|| , , |]	論理和の反復. [|| b1 | b2] := (b1 || b2) [|| b1, b2 | b3] := (b1 || (b2 || b3)) [|| b1, b2, b3 | b4] := (b1 || (b2 || (b3 || b4)))
[==> , , =>]	含意の反復. [==> b1 => b2] := (b1 ==> b2) [==> b1, b2 => b3] := (b1 ==> (b2 ==> b3)) [==> b1, b2, b3 => b4] := (b1 ==> (b2 ==> (b3 ==> b4)))
[/\ , , &]	Prop 型の論理積の反復. [/\ P1 & P2] := (P1 /\ P2) [/\ P1, P2 & P3] := (P1 /\ (P2 /\ P3)) [/\ P1, P2, P3 & P4] := (P1 /\ (P2 /\ (P3 /\ P4)))
[\/ , , |]	Prop 型の論理和の反復. [\/ b1 | b2] := (b1 \/ b2) [\/ b1, b2 | b3] := (b1 \/ (b2 \/ b3)) [\/ b1, b2, b3 | b4] := (b1 \/ (b2 \/ (b3 \/ b4)))
pred	述語関数. pred T := T -> bool. ただし T : Type
rel	二項関係. rel T := T -> pred T. ただし T : Type
symmetric	二項関係の対称律. symmetric = fun (T : Type) (R : rel T) => forall x y : T, R x y = R y x : forall T : Type, rel T -> Prop

equivalence_rel	同値関係.
	equivalence_rel = fun (T : Type) (R : rel T) =>
	  forall x y z : T, R z z * (R x y -> R x z = R y z) :
	  forall T : Type, rel T -> Prop

\in	x \in A は A x を表す. ただし A は x の型上の述語関数.
\notin	x \notin A は~~(A x) を表す. ただし A は x の型上の述語関数.
reflect	二つの構成子 ReflectT, ReflectF をもつ帰納的に定義された型. ReflectT : forall P : Prop, P -> reflect P true ReflectF : forall P : Prop, ~ P -> reflect P false
classically	古典論理の仮定. classically = fun P : Type => forall b : bool, (P -> b) -> b : Type -> Prop

```
Require Import ssreflect ssrfun ssrbool.

Definition A : pred bool := [pred x | x && true].
Definition B : pred bool := [pred x | x || true].
```

さて，A B : pred bool を定義したところで次の補題を証明してみましょう．

```
Lemma AT : A true = true.
```

この証明は計算を行うターミネータを使えば十分です．たとえば，

```
Proof. by []. Qed.
```

で証明できます．

ブール述語の記法として**中置記法**も使えます．つまり A x と同じ意味で x \in A と表せます．たとえば

```
Lemma AT': true \in A.
```

と書くことで，A を集合として捉えやすくなります．このとき，A の母集合 M は

```
Definition M : pred bool := (fun _ => true).
```

です．

ssrbool では，ブール述語を集合とみなした部分集合の形式化が提供されます．部分集合とは集合間の二項関係の一種であり，数学的には，母集合 M をもつ集合 X, Y に対して，$X \subseteq Y$ は $\forall x \in M, x \in X \Rightarrow x \in Y$ として定義されます．ssrbool では記法として {subset ... <= ...} が提供されます．たとえば

```
Lemma AsubB : {subset A <= B}.
```

のように用いることができます．この証明も，やはり計算により

```
Proof. by case. Qed.
```

だけで十分です．

述語関数の話に紙面を割いて解説しましたが，ssrbool では 3.7 節で述べたリフレクション補題を記述するための reflect も提供しています．

4.1.3 提供する補題

ssrbool は約 250 の補題を提供します．表 4.2 にその一部を抜き出しています．表ではブール代数 (→表 4.3)，リフレクション補題に関する補題を挙げていますが，ほかにも述語関数，二項関係などの補題があります．どのような補題が提供されているか把握しておくために，ssrbool.v を眺めてみるとよいでしょう．

4.1 ssrbool.v ── bool 型のためのライブラリ

表 4.2　ssrbool が提供する補題例

補題名	型	補足
negbT	forall b : bool, b = false -> ~~ b	
contra	forall c b : bool, (c -> b) -> ~~ b -> ~~ c	
ifT	forall (A : Type) (b : bool) (vT vF : A), b -> (if b then vT else vF) = vT	
introF	forall (P : Prop) (b : bool), reflect P b -> ~ P -> b = false	
elimN	forall (P : Prop) (b : bool), reflect P b -> ~~ b -> ~ P	
classicP	forall P : Prop, classically P <-> ~ ~ P	
negP	reflect (~ b) (~~ b)	b : bool
andP	reflect (b1 /\ b2) (b1 && b2)	b1, b2 : bool
orP	reflect (b1 \/ b2) (b1 || b2)	b1, b2 : bool
nandP	reflect (~~ b1 \/ ~~ b2) (~~ (b1 && b2))	b1, b2 : bool
implyP	reflect (?b1 -> ?b2) (?b1 ==> ?b2)	b1, b2 : bool
implybF	forall b : bool, b ==> false = ~~ b	
addbP	reflect (~~ a = b) (a (+) b)	a, b : bool

表 4.3　ブール演算に関する補題例

補題名	意味	型	補足
negbK	ブール否定の対合	involutive negb	~~ ~~ b = b
andTb	論理積の左単位元	left_id true andb	true && a = a
andbT	論理積の右単位元	right_id true andb	a && true = a
andFb	論理積の左吸収元	left_zero false andb	false && a = false
andbF	論理積の右吸収元	right_zero false andb	a && false = false
andbC	論理積の交換法則	commutative andb	a && b = b && a
orbC	論理和の交換法則	commutative orb	a || b = b || a
andbA	論理積の結合法則	associative andb	[&& a, b & c] = a && b && c
orbA	論理和の結合法則	associative orb	[|| a, b | c] = a || b || c
negb_and	~~/&& ド・モルガンの法則	~~ (a && b) = ~~ a || ~~ b	
negb_or	~~/|| ド・モルガンの法則	~~ (a || b) = ~~ a && ~~ b	
andb_orr	&&/|| 右分配法則	right_distributive andb orb	a && (b || c) = a && b || a && c
andb_orl	&&/|| 左分配法則	left_distributive andb orb	(b || c) && a = b && a || c && a

表 4.4 二項演算の命名規則．ただし a, b, c : bool

演算	補題中の名称
&&	andb
||	orb
==>	implyb
(+)	addb

等式	命名規則
交換法則	補題中の名称の後に C をつける．（例，addbC）
結合法則	補題中の名称の後に A をつける．（例，andbA）
左から true を施して得られる等式	補題中の名称の最後の b をとって Tb をつける．（例，orTb）
右から true を施して得られる等式	補題中の名称の最後の b をとって bT をつける．（例，implybT）
左から false を施して得られる等式	補題中の名称の最後の b をとって Fb をつける．（例，andFb）
右から false を施して得られる等式	補題中の名称の最後の b をとって bF をつける．（例，orbF）
左右に同じ項を施して得られる等式	補題中の名称の後に b をつける．（例，addbb）

　表 4.3 ではブール代数に関する補題を例として，MathComp の特徴の一つである，命名規則についてまとめています．補題名を簡単に覚えられるよう，MathComp は工夫されています．

　表 4.4 に二項演算に関する補題の命名規則をまとめました．たとえば，論理積の交換法則の補題名は andbC となります．andb は論理積のブール関数の andb を，C は英語の "Commutativity"（交換法則）を意味します．同様に，論理和の交換法則の補題名は orbC となります．結合法則は英語で "Associativity" と言います．論理積に関する結合法則の補題名は andbA であり，論理和の場合は orbA です．これらの命名規則は自然数(→表 4.8)や有限群(→表 6.1) などの補題にも適用されています．

　ちなみに命名規則としてはありえても，真でない補題は提供されません．たとえば implybA が意味する (a ==> b) ==> c = a ==> (b ==> c) は真ではなく，ssrbool にありません．

4.2 eqtype.v —— eqType 型のためのライブラリ

4.2.1 概要

eqtype は決定可能な同値関係をもつ型 eqType に関する定義，記法，そして補題を提供します．eqType から派生する型として，unit_eqType, bool_eqType, sub_eqType, sig_eqType, prod_eqType, option_eqType, tag_eqType, sum_eqType も提供します．

eqtype.v はライブラリ MathComp のフォルダ ssreflect 内にあります．Windows バイナリ版のデフォルト設定でインストールしていれば，ファイルの位置は C:￥Coq￥lib￥use-contrib￥mathcomp￥ssreflect￥eqtype.v となります．

以下，ライブラリを指すときは eqtype のようにすべて小文字で表記し，型を指すときは eqType のように T を大文字で表記します．

型 eqType は，Prop 型の同値関係 = が bool 型の二項関係と置き換えられる型として定義されます．より具体的に述べると，二項関係 e : rel T により

```
forall x y : T, reflect (x = y) (e x y)
```

が真である型として定義されます．ただし，T は任意の型でかまいません．

eqType として扱える型として bool 型や nat 型などがあります．bool 型が eqType として扱えることはライブラリ eqtype で証明されます．一方，nat 型が eqType として扱えることはライブラリ ssrnat で証明されます．一度 eqType として扱えることが示された型では，関係 e を表す記法として == が使えるようになります．関係の否定には記法 != が使えます．関係 = と == を置き換えるリフレクト補題として，補題 eqP が使えます．

4.2.2 提供する記法・定義

表 4.5 は eqtype が提供する定義と記法の一部です．型 eqType における関係等の記法として ==，!=，=P が提供されます．他に提供される記法として，前節で述べた pred や eqType から派生する型（sub_eqType など）を便利にするものがあります．これらの紹介は紙面の都合で省略します．ファイル eqtype.v を直接ご覧ください．

すでに Prop 型の同値関係をもつ型を eqType 型として扱う方法は，このライブラリ eqtype から学べます．具体的には型 unit と型 bool からそれぞれ型 unit_eqType と型 bool_eqType が構成されます．たとえば型 bool に対しては，関係 eqb を定義し，（補題 eqbP として）言明 Equality.axiom eqb を証明，そしてコマンド Canonical によって

表 4.5 eqtype が提供する定義と記法の例

記法・定義	意味
Equality.axiom	型 T 上の Prop 型の関係 = と bool 型の関係 e との置き換えに関する言明． axiom T (e : rel T) := forall x y, reflect (x = y) (e x y)
eqType	Equality.axiom が真である型．
eq.op	eqType の同値関係（等号）= と置き換えできる bool 型の関係．
==	eq.op の記法． a == b := eq.op a b
!=	eq.op の否定． a != b := ~~(a == b)
=P	eq.op と置き換えられる Prop 型の関係． x =P y := (eqP : reflect (x = y) (x == y))
unit_eqType	型 unit を型 eqType として扱うときの型名．
eqb	型 bool を型 eqType として扱うために用いる bool 型の関係． eqb b1 b2 := addb (~~b1) b2
bool_eqType	型 bool を型 eqType として扱うときの型名．

```
Canonical bool_eqMixin := EqMixin eqbP.
Canonical bool_eqType := Eval hnf in EqType bool bool_eqMixin.
```

としています．

4.2.3 提供する補題

eqtype は約 80 の補題を提供します．表 4.6 にその一部を抜き出しています．

これらは「eqType における = と == の置き換えに関する補題（eqE, eqP, eq_refl, eq_sym）」，「決定可能であることから得られる = と == に関する性質（contraTeq, contraNeq, contraFeq, contraTneq）」，「型 unit_eqType 向けの補題（unit_eqP）」，「型 bool_eqType 向けの補題（eqbE, eqbP, negb_add, eqb_id）」，「eqType の組が構成する eqType に対する補題（pair_eqP, pair_eq1）」，「型 opt_eqType 向けの補題（opt_eqP）」，「型 tag_eqType 向けの補題（tag_eqP）」といった補題です．ほかに，どのような補題が提供されているか把握しておくために，eqtype.v を眺めてみるとよいでしょう．

命名規則の例を二つ述べておきます．

1. 最後に P がつくものと E がつくものは，等号 = と関係 == の置き換えに関するものです．P がつくものはリフレクト補題，E がつくものはそれらに関する等式です．型により P だけ提供されているものがあります．
2. contra で始まる補題は，直後に T, N, F のどれかが続けば，さらに eq, neq のど

4.2 eqtype.v ——eqType 型のためのライブラリ

れかが続きます．もしくは直後に _ が続けば，さらに eqT, eqN, eqF, eq, neq のどれかが続きます．これらは補題の帰結の最後の二つを表しています．たとえば，帰結の最後の二つが b -> x = y であれば contraTeq と命名されています．帰結の最後の二つが neg b -> x = y であれば contraNneq と命名されています．帰結の最後の二つが x = y -> b であれば contra_eqT と命名されています．

表 4.6 eqtype が提供する補題例

補題名	型
eqE	forall (T : eqType) (x : T), eq_op x = Equality.op (Equality.class T) x
eqP	ssrbool.reflect (x = y) (x == y)[1]
eq_refl	forall (T : eqType) (x : T), x == x
eq_sym	forall (T : eqType) (x y : T), (x == y)%bool = (y == x)%bool
contraTeq	forall (T : eqType) (b : bool) (x y : T), ((x != y) -> (negb b)) -> b -> x = y
contraNeq	forall (T : eqType) (b : bool) (x y : T), ((x != y) -> b) -> (negb b) -> x = y
contraFeq	forall (T : eqType) (b : bool) (x y : T), ((x != y) -> b) -> b = false -> x = y
contraTneq	forall (T : eqType) (b : bool) (x y : T), (x = y -> (negb b)) -> b -> (x != y)
contra_eqT	forall (T : eqType) (b : bool) (x y : T), (negb b -> x != y) -> x = y -> b
unit_eqP	Equality.axiom (T:=unit) (fun _ _ : unit => true)
eqbE	eqb = eq_op
eqbP	Equality.axiom (T:=bool) eqb
negb_add	forall b1 b2 : bool, negb (ssrbool.addb b1 b2) = (b1 == b2)%bool
eqb_id	forall b : bool_eqType, (b == true)%bool = b
inj_eq	forall (aT rT : eqType) (f : aT -> rT), ssrfun.injective f -> forall x y : aT, (f x == f y)%bool = (x == y)%bool
pair_eqP	Equality.axiom (T:=T1 * T2) (ssrbool.rel_of_simpl_rel (pair_eq T1 T2))[2]
pair_eq1	forall (T1 T2 : eqType) (u v : T1 * T2), (u == v) -> (u.1 == v.1)
opt_eqP	forall T : eqType, Equality.axiom (T:=option T) (opt_eq (T:=T))
tag_eqP	ssrbool.reflect (x = y) (tag_eq x y)[3]

[1] ただし T : eqType, x y : T
[2] ただし T1 T2 : eqType
[3] ただし I : eqType, T_ : I -> eqType, x y : {i : I & T_ i}

4.3 ssrnat.v ── SSReflect 向け nat 型のライブラリ

4.3.1 概要

ssrnat は Coq で定義されている nat 型を SSReflect 向けに使いやすくする定義・記法・補題などを提供します．

ssrnat.v はライブラリ MathComp のフォルダ ssreflect 内にあります．Windows バイナリ版のデフォルト設定でインストールしていれば，ファイルの位置は C:￥Coq￥lib￥user-contrib￥mathcomp￥ssreflect￥ssrnat.v となります．

4.3.2 提供する定義，関数

表 4.7 は ssrnat が提供する定義と記法の一部です．

表 4.7 ssrnat が提供する定義と記法の例

記法・定義	意味
.+1	後者関数 S． nat 型の n に対し n.+1 と書いて S n を表す． ほかに n.+2, n.+3, n.+4 も提供される．
.-1	前者関数 predn． nat 型の n に対し n.-1 と書いて predn n を表す． ほかに n.-2 も提供される．
eqn	nat 型の等号．ただし bool 型への関数（同値関係）として定義される．
addn, +	nat 上の加法．Coq の加法と異なり simple (rewrite /=など) による計算は行われない．
subn, -	nat 上の減法．Coq の減法と異なり simple (rewrite /=など) による計算は行われない．
leq, <=	nat 上の小なりイコール．ただし bool 型への関数（二項関係）として定義される．
ltn, <	nat 上の小なり．m < n := m.+1 <= n として定義される．
maxn	max m n := if m < n then n else m． つまり m と n のうち大きい方．
iter	関数を繰り返し適用する．iter n f x と書いて x に f を n 回適用した結果を表す．
muln, *	nat 上の乗法．Coq の乗法と異なり simple (rewrite /=など) による計算は行われない．
expn, ^	nat 上の指数関数．Coq の指数関数と異なり simple (rewrite /=など) による計算は行われない．
factorial, '!	nat 型の n に対し，n'! で n の階乗を表す．
ex_minn	P : pred nat を true にする存在証明 p に対して， ex_minn p は P : pred nat を true にする nat 型の最小の値を表す．

型 nat は Coq の標準ライブラリで提供されますが，ssrnat を読み込むことで新たな記法や定義が導入されます．たとえば，Coq では型 nat の構成子である**サクセサー**（後者関数）を S と記述していましたが，ssrnat では .+1 を用います．つまり S n = n.+1 です．また，同じ記法であっても意味の異なる関数が提供されます．たとえば，型 nat 上の二項演算 + は Coq では Nat.add を，ssrnat では addn を表します[1]．Nat.add と addn との違いは「簡単な計算を許すか許さないか」にあります[2]．たとえばサブゴール中に 2 + 2 が含まれているとき，タクティク rewrite /= を用いて簡単な計算を実行したとしましょう．+ が Nat.add を表すときには 2 + 2 は 4 に置き換わります．一方，+ が addn を表すときには 2 + 2 は 2 + 2 のままです．

小なりイコール <= は，Coq では帰納的型 le として定義されていますが，ssrnat では bool 型への関数 leq として定義されています．le と leq の行き来は，リフレクト補題によって行えます．イコールのつかない小なり < は，サクセサー .+1 と <= を用いて定義されています．定義・記法間の関係を把握しておくと，形式化がスムーズになるでしょう．

4.3.3 提供する補題

ssrnat は約 340 の補題を提供します．表 4.8 にその一部を抜き出しています．表ではサクセサー，nat 型に対する bool 型等号，加法，減法，不等号，最大・最小，繰り返し，乗法，指数関数，階乗，nat 型としての bool 型に関する補題を挙げています．

補題 add0n, sub0n, leq0n, mat0n, muln0n, exp0n のように，命名規則が用いられていることがわかります．4.1.3 項の命名規則とあわせて押さえておくとよいでしょう．

リフレクト補題は eqnP, leP, ltP, leqP などが提供されます．これらは，証明を簡便にする強力なツールです．

補題 leq0n や ltn0Sn などにある is_true は，ライブラリ ssrbool をインポートすることで表示されなくなります(→ **4.1 節**)．これはコアーションによるものです(→ **3.7.10 項**)．

表 4.8 の最後の四つの補題は bool 型から nat 型へのコアーションから得られるものです．false が 0，true が 1(=0.+1) として扱われます．

---

[1] 表では書いていませんが，関数 addn_rec としても同じ記法が用いられますが，addn_rec と Nat.add は区別しなくてかまいません．

[2] 表で simple と表している操作を，ここでは簡単な計算とよんでいます．

表 4.8　ssrnat が提供する補題例

補題名	型	補足
succnK	ssrfun.cancel succn predn	forall x : nat, x.+1.-1 = x
eqnP	ssrbool.reflect (?x = ?y) (eqn ?x ?y)	
eqnE	eqn = eqtype.eq_op	
plusE	Nat.add = addn	
add0n	ssrfun.left_id 0 addn	forall x : nat, 0 + x = x
addn0	ssrfun.right_id 0 addn	forall x : nat, x + 0 = x
add1n	forall n : nat, 1 + n = n.+1	
addnC	ssrfun.commutative addn	forall x y : nat, x + y = y + x
addn1	forall n : nat, n + 1 = n.+1	
addnA	ssrfun.associative addn	forall x y z : nat, x + (y + z) = x + y + z
minusE	Nat.sub = subn	
sub0n	ssrfun.left_zero 0 subn	forall x : nat, 0 - x = 0
subn0	ssrfun.right_id 0 subn	forall x : nat, x - 0 = x
subnn	ssrfun.self_inverse 0 subn	forall x : nat, x - x = 0
subnDl	forall p m n : nat, p + m - (p + n) = m - n	
ltnS	forall m n : nat, (m < n.+1) = (m <= n)	
leq0n	forall n : nat, is_true (0 <= n)	
ltn0Sn	forall n : nat, is_true (0 < n.+1)	
leqnSn	forall n : nat, is_true (n <= n.+1)	
leP	ssrbool.reflect (?m <= ?n)%coq_nat (?m <= ?n)	
ltP	ssrbool.reflect (?m < ?n)%coq_nat (?m < ?n)	
leqP	forall m n : nat, leq_xor_gtn m n (m <= n) (n < m)	
leq_add2l	forall p m n : nat, (p + m <= p + n) = (m <= n)	
leq_addl	forall m n : nat, is_true (n <= m + n)	
ltn_addr	forall m n p : nat, is_true (m < n) -> is_true (m < n + p)	
subKn	forall m n : nat, is_true (m <= n) -> n - (n - m) = m	
max0n	ssrfun.left_id 0 maxn	forall x : nat, maxn 0 x = x
maxn0	ssrfun.right_id 0 maxn	forall x : nat, maxn x 0 = x
maxnC	ssrfun.commutative maxn	forall x y : nat, maxn x y = maxn y x
min0n	ssrfun.left_zero 0 minn	forall x : nat, minn 0 x = 0

表 4.8（続き）　　ssrnat が提供する補題例

補題名	型	補足
leq_maxl	forall m n : nat, is_true (m <= maxn m n)	
maxnK	forall m n : nat, minn (maxn m n) m = m	
minKn	forall m n : nat, maxn n (minn m n) = n	
iterSr	forall m n : nat, maxn n (minn m n) = n	
iterS	forall (T : Type) (n : nat) (f : T -> T) (x : T), iter n.+1 f x = f (iter n f x)	
iter_add	forall (T : Type) (n m : nat) (f : T -> T) (x : T), iter (n + m) f x = iter n f (iter m f x)	
iter_succn	forall m n : nat, iter n succn m = m + n	
mul0n	ssrfun.left_zero 0 muln	forall x : nat, 0 * x = 0
muln0	ssrfun.right_zero 0 muln	forall x : nat, x * 0 = 0
mulSn	forall m n : nat, m.+1 * n = n + m * n	
mulnS	forall m n : nat, m * n.+1 = m + m * n	
muln1	ssrfun.right_id 1 muln	forall x : nat, x * 1 = x
mulnC	ssrfun.commutative muln	forall x y : nat, x * y = y * x
mulnDr	ssrfun.right_distributive muln addn	forall x y z : nat, x * (y + z) = x * y + x * z
mulnA	ssrfun.associative muln	forall x y z : nat, x * (y * z) = x * y * z
expn0	forall m : nat, m ^ 0 = 1	
exp0n	forall n : nat, is_true (0 < n) -> 0 ^ n = 0	
expn1	forall m : nat, m ^ 1 = m	
exp1n	forall n : nat, 1 ^ n = 1	
expnS	forall m n : nat, m ^ n.+1 = m * m ^ n	
expnSr	forall m n : nat, m ^ n.+1 = m ^ n * m	
fact0	0'! = 1	
factS	forall n : nat, (n.+1)'! = n.+1 * n'!	
fact_gt0	forall n : nat, is_true (0 < n'!)	
leq_b1	forall b : bool, is_true (b <= 1)	
addn_negb	forall b : bool, negb b + b = 1	
lt0b	forall b : bool, (0 < b) = b	
sub1b	forall b : bool, 1 - b = negb b	

4.4　seq.v —— リスト，seq 型のライブラリ

4.4.1　概要

seq は，Coq の標準ライブラリで定義されている型 list に相当する型として型 seq を提供します．

型 seq の定義を Print コマンドで確認すると

```
Inductive seq (A : Type) : Type :=
  nil : seq A
| cons : A -> seq A -> seq A.
```

とレスポンスエリアに表示されます．ですが，seq.v を紐解くと

```
Notation seq := list.
```

と書かれています．つまり，Coq の標準ライブラリで定義された型 list の記法を変えただけということです．

seq.v はライブラリ MathComp のフォルダ ssreflect 内にあります．Windows バイナリ版のデフォルト設定でインストールしていれば，ファイルの位置は C:¥Coq¥lib¥user-contrib¥mathcomp¥ssreflect¥seq.v となります．

4.4.2　提供する定義，関数，記法

表 4.9 は seq.v が提供する定義と記法の一部です．

表 4.9　seq.v が提供する定義と記法の例

記法・定義	意味
[::]	構成子 nil の記法．
::	構成子 cons の記法．x :: s は x cons s を表す．
[:: x1], [:: x1 ; x2], [:: x1 ; x2 ; x3]	それぞれ x1 :: nil, x1 :: (x2 :: nil), x1 :: (x2 :: (x3 :: nil)) を表す．
size	cons の回数，リストの長さを返す関数．例) size [:: 1; 2] = 2. size = fun T : Type => fix size (s : seq T) : nat := 　match s with 　| [::] => 0 　| _ :: s' => S (size s') 　end　: forall T : Type, seq T -> nat
nilp	nilp s は，s=[::] のとき tt を，そうでないとき ff を返す． nilp = fun (T : Type) (s : seq T) => eqtype.eq_op (size s) 0 : forall T : Type, seq T -> bool

表 4.9（続き）　　seq.v が提供する定義と記法の例

記法・定義	意味

head	head x0 (x :: s) = x. つまり，第 2 引数が nil でなければ先頭の要素を出力する．ただし nil のときは第一引数 x0 を出力する．
	`head = fun (T : Type) (x0 : T) (s : seq T) =>`
	　`match s with`
	　`| [::] => x0`
	　`| x :: _ => x`
	　`end : forall T : Type, T -> seq T -> T`

behead	behead (x :: s) = s. つまり，引数が nil でなければ先頭を除いたリストを出力する．ただし，(型が指定された) nil のときは (その型の) nil を出力する．
	`behead = fun (T : Type) (t : seq T) =>`
	　`match t with`
	　`| [::] => [::]`
	　`| _ :: t' => t'`
	　`end : forall T : Type, seq T -> seq T`

nseq	nseq n x は，nil に x を (n : nat) 回続けて cons して得られるリストを出力する．
	`nseq = fun (T : Type) (n : nat) (x : T) =>`
	　`ncons n x [::] : forall T : Type, nat -> T -> seq T`

cat, ++	cat s1 s2 は，リスト s1 とリスト s2 を連結したリストを出力する．記法++は s1 ++ s2 := cat s1 s2 を意味する．
	`cat = fun T : Type => fix cat (s1 s2 : seq T) {struct s1} :`
	　`seq T :=`
	　`match s1 with`
	　`| [::] => s2`
	　`| x :: s1' => x :: cat s1' s2`
	　`end : forall T : Type, seq T -> seq T -> seq T`

rcons	rcons [:: x1; x2; ...; xn] a = [:: x1; x2; ...; xn; a]. つまり，リストの最後に要素を加える．
	`rcons = fun T : Type => fix rcons (s : seq T) (z : T)`
	　`{struct s} : seq T :=`
	　`match s with`
	　`| [::] => [:: z]`
	　`| x :: s' => x :: rcons s' z`
	　`end : forall T : Type, seq T -> T -> seq T`

last	last x0 [:: x1; x2; ...; xn] := xn. つまりリストの最後の要素を出力する．ただし，リストが nil のときは引数の x0 を出力する．
	`last = fun T : Type => fix last (x : T) (s : seq T)`
	　`{struct s} : T :=`
	　`match s with`
	　`| [::] => x`
	　`| x' :: s' => last x' s'`
	　`end : forall T : Type, T -> seq T -> T`

表 4.9 （続き）　seq.v が提供する定義と記法の例

記法・定義	意味
nth	nth x0 s n はリスト s の n 番目の要素を返す. ただし, リストの要素のインデックスは 0 で始まることに注意. また, リスト s が nil であれば x0 を返す. `nth = fun (T : Type) (x0 : T) => fix nth (s : seq T)` `  (n : nat) {struct n} : T :=` `  match s with` `	[::] => x0` `	x :: s' => match n with` `	0 => x` `	S n' => nth s' n'` ` end` ` end : forall T : Type, T -> seq T -> nat -> T`
find	find a s は, リスト s の成分中に a を true にする要素があれば, そのような要素のインデックスの最小値を返す. もしそのような要素がなければ, size s を返す. `find = fun (T : Type) (a : ssrbool.pred T) => fix find` `  (s : seq T) : nat :=` `  match s with` `	[::] => 0` `	x :: s' => if a x then 0 else S (find s')` ` end : forall T : Type, ssrbool.pred T -> seq T -> nat`
filter	filter a s は, リスト s のうち a を true にする要素だけを残したリストを返す. `filter = fun (T : Type) (a : ssrbool.pred T) => fix filter` `  (s : seq T) : seq T :=` `  match s with` `	[::] => [::]` `	x :: s' => if a x then x :: filter s' else filter s'` ` end : forall T : Type, ssrbool.pred T -> seq T -> seq T`
[seq x <- s | a x]	filter a s の記法.
has	has a s は s の要素に a を true にするものがあれば true を返し, 一つもなければ false を返す. `has = fun (T : Type) (a : ssrbool.pred T) => fix has` `  (s : seq T) : bool :=` `  match s with` `	[::] => false` `	x :: s' => (a x		has s')%bool` ` end : forall T : Type, ssrbool.pred T -> seq T -> bool`

4.4 seq.v ファイル――リスト，seq 型のライブラリ

表 4.9（続き）　seq.v が提供する定義と記法の例

記法・定義	意味
drop	drop n s は，リスト s の最初の n 個の要素を除いたリストを返す． drop = fun T : Type => fix drop (n : nat) (s : seq T) 　{struct s} : seq T := 　　match s with 　　| [::] => s 　　| _ :: s' => 　　　　match n with 　　　　| 0 => s 　　　　| S n' => drop n' s' 　　　　end 　　end : forall T : Type, nat -> seq T -> seq T
take	take n s は，リスト s の最初の n 個の要素からなるリストを返す． take = fun T : Type => fix take (n : nat) (s : seq T) 　{struct s} : seq T := 　　match s with 　　| [::] => [::] 　　| x :: s' => 　　　　match n with 　　　　| 0 => [::] 　　　　| S n' => x :: take n' s' 　　　　end 　　end : forall T : Type, nat -> seq T -> seq T
rot	rot n s は，s の最初の n 個の要素を，最後に移動したリストを返す． rot = fun (T : Type) (n : nat) (s : seq T) => drop n s ++ take n s 　　: forall T : Type, nat -> seq T -> seq T
bitseq	seq bool : Set を表す記法．
mask	mask m s は，s の成分のうち bitseq 型の m の成分で true の位置にあるものだけからなるリストを返す． mask = fun T : Type => fix mask (m : bitseq) (s : seq T) 　{struct m} : seq T := 　　match m with 　　| [::] => [::] 　　| b :: m' => 　　　　match s with 　　　　| [::] => [::] 　　　　| x :: s' => if b then x :: mask m' s' else mask m' s' 　　　　end 　　end : forall T : Type, bitseq -> seq T -> seq T

表 4.9 （続き）　　seq.v が提供する定義と記法の例

記法・定義	意味

map	map f [:: x1; x2; ... ; xn] は [:: f x1; f x2; ...; f xn] を返す.
	map = fun (T1 T2 : Type) (f : T1 -> T2) => fix map
	  (s : seq T1) : seq T2 :=
	  match s with
	  | [::] => [::]
	  | x :: s' => f x :: map s'
	  end : forall T1 T2 : Type, (T1 -> T2) -> seq T1 -> seq T2

[seq f x | x <- [:: x1; x2; ...; xn]]	map f [:: x1; x2; ...; xn] を表す記法.

iota	iota m n は [:: m; m + 1; ...; m + n - 1] を返す.
	iota = fix iota (m n : nat) {struct n} : seq nat :=
	  match n with
	  | 0 => [::]
	  | S n' => m :: iota (S m) n'
	  end : nat -> nat -> seq nat

foldr	foldr f z0 [:: x1; x2; ...; xn] は, f x1 (f x2(... (f xn z0) ...)) を返す.
	foldr = fun (T R : Type) (f : T -> R -> R) (z0 : R) =>
	  fix foldr (s : seq T) : R :=
	  match s with
	  | [::] => z0
	  | x :: s' => f x (foldr s')
	  end : forall T R : Type, (T -> R -> R) -> R -> seq T -> R

sumn	sumn [:: x1; x2; ...; xn] は, x1 + x2 + ... + xn を返す. ただし xi は nat 型をもつとする. sumn = foldr ssrnat.addn 0 : seq nat -> nat

zip	zip [:: s1; s2; ...; sn] [:: t1; t2; ...; xn] は [:: (s1, t1); (s2, t2); ...; (sn, tn)] を返す.
	引数のリストの長さが異なるときは，短いほうに制限される.
	zip = fun S T : Type => fix zip (s : seq S) (t : seq T) {struct t} : seq (S * T) :=
	  match s with
	  | [::] => [::]
	  | x :: s' =>
	    match t with
	    | [::] => [::]
	    | y :: t' => (x, y) :: zip s' t'
	    end
	  end : forall S T : Type, seq S -> seq T -> seq (S * T)

unzip1	unzip1 [:: (s1, t1); (s2, t2); ...; (sn, tn)] は [:: s1; s2; ...; sn] を返す. unzip1 = fun S T : Type => map fst : forall S T : Type, seq (S * T) -> seq S

表 4.9 （続き）　seq.v が提供する定義と記法の例

記法・定義	意味
unzip2	unzip2 [:: (s1, t1); (s2, t2); ...; (sn, tn)] は [:: t1; t2; ...; xn] を返す． unzip2 = fun S T : Type => map snd : forall S T : Type, seq (S * T) -> seq T

本書ではこれ以降，様々な場面で型 seq を扱います．そこで，いくつかの関数を例を挙げながら紹介しておきます．

- cons 0 (cons 1 (cons 2 nil)) は seq nat 型をもちます．
  [:: 0; 1; 2]．という記法で表すこともできます．
- iota m n は [:: m; m + 1; ...; m + n - 1] のリストを返します．
  たとえば iota 0 3 = [:: 0; 1; 2] です．
- [seq f x | x <- [:: s1; s2; ...; sn]] は [:: f s1; f s2; ...; f sn] を返します．つまり，それぞれのリストの要素 s1, s2, ..., sn に関数 f を適用した結果をリストとして返します．たとえば iota 5 3（つまり [:: 5; 6; 7]）にサクセサー S を適用させるには [seq S x | x <- iota 5 3] とします．コマンド Compute で確認するとレスポンスエリアに [:: 6; 7; 8] と表示されます．
- foldr f a [:: s1; s2; ...; sn-1; sn] は f s1 (f s2 (... (f sn-1 (f sn a)))) を返します．たとえば，f として加法 ssrnat.addn, a として 0 を指定すれば，総和にあたる計算ができます(→ 4.6 節)．コマンド Compute で foldr ssrnat.addn 0 (iota 5 3) を計算すると，レスポンスエリアに

      = 18
      : nat

  と表示されます．つまり，5+(6+(7+0)) が計算できました．

4.4.3　提供する補題

seq は約 410 の補題を提供します．表 4.10 にその一部を抜き出しています．関数 size, cat, last, rcons, nth, has, drop, take, rot, mask, map などに関連する補題を挙げています．また，リフレクト補題は nilP, hasP, nseqP, nthP, mapP などが提供されます．証明を簡便にする強力なツールです．

ほかにも多数の補題があります．どのような補題が提供されているか把握しておくために，seq.v を眺めてみるとよいでしょう．

表 4.10　seq.v が提供する補題例

補題名	型
size0nil	forall (T : Type) (s : seq T), size s = 0 -> s = [::][◆1]
nilP	ssrbool.reflect (s = [::]) (nilp s)
size_nseq	forall (T : Type) (n : nat) (x : T), size (nseq n x) = n
catA	forall (T : Type) (s1 s2 s3 : seq T), 　s1 ++ s2 ++ s3 = (s1 ++ s2) ++ s3
cats1	forall (T : Type) (s : seq T) (z : T), s ++ [:: z] = rcons s z
last_rcons	forall (T : Type) (x : T) (s : seq T) (z : T), 　last x (rcons s z) = z
cat_rcons	forall (T : Type) (x : T) (s1 s2 : seq T), 　rcons s1 x ++ s2 = s1 ++ x :: s2
last_ind	forall (T : Type) (P : seq T -> Type), P [::] -> 　(forall (s : seq T) (x : T), P s -> P (rcons s x)) 　-> forall s : seq T, P s
last_nth	forall (T : Type) (x0 x : T) (s : seq T), 　last x s = nth x0 (x :: s) (size s)
has_find	forall (T : Type) (a : ssrbool.pred T) (s : seq T), 　has a s = ssrnat.leq (S (find a s)) (size s)
filter_cat	forall (T : Type) (a : ssrbool.pred T) (s1 s2 : seq T), 　[seq x <- s1 ++ s2 | a x] 　= [seq x <- s1 | a x] ++ [seq x <- s2 | a x]
eq_filter	forall (T : Type) (a1 a2 : T -> bool), 　ssrfun.eqfun a1 a2 -> ssrfun.eqfun (filter a1) (filter a2)
has_pred0	forall (T : Type) (s : seq T), 　has (ssrbool.pred_of_simpl ssrbool.pred0) s = false
drop0	forall (T : Type) (s : seq T), drop 0 s = s
take0	forall (T : Type) (s : seq T), take 0 s = [::]
drop_nth	forall (T : Type) (x0 : T) (n : nat) (s : seq T), 　is_true (ssrnat.leq (S n) (size s)) 　-> drop n s = nth x0 s n :: drop (S n) s
take_nth	forall (T : Type) (x0 : T) (n : nat) (s : seq T), 　is_true (ssrnat.leq (S n) (size s)) 　-> take (S n) s = rcons (take n s) (nth x0 s n)
rot_size_cat	forall (T : Type) (s1 s2 : seq T), 　rot (size s1) (s1 ++ s2) = s2 ++ s1
hasP	ssrbool.reflect (exists2 x : x \in s & a x) (has a s)[◆2]
nseqP	ssrbool.reflect (y = x /\ 1 > 0) (y \in (nseq n x))[◆3]

[◆1] ただし T : Type, s : seq T
[◆2] ただし T : eqtype.Equality.type, a : ssrbool.pred (eqtype.Equality.sort T), s : seq (eqtype.Equality.sort T)
[◆3] ただし T : eqtype.Equality.type, n : nat, x y : eqtype.Equality.sort T

表 4.10（続き）　　seq.v が提供する補題例

補題名	型
nthP	forall x0 : T, reflect (exists2 i : nat, i < size s & nth x0 s i = x) 　(x \in s)[◆1]
mask1	forall (T : Type) (b : bool) (x : T), mask [:: b] [:: x] 　= nseq b x
has_mask_cons	forall (T : Type) (a : pred T) (b : bool) (m : bitseq) (x : T) 　(s : seq T), has a (mask (b :: m) (x :: s)) = b && a x || 　has a (mask m s)
map_cat	forall (T1 T2 : Type) (f : T1 -> T2) (s1 s2 : seq T1), 　[seq f i | i <- s1 ++ s2] = [seq f i | i <- s1] ++ [seq f i 　| i <- s2]
map_rcons	forall (T1 T2 : Type) (f : T1 -> T2) (s : seq T1) (x : T1), 　[seq f i | i <- rcons s x] = rcons [seq f i | i <- s] (f x)
map_mask	forall (T1 T2 : Type) (f : T1 -> T2) (m : bitseq) (s : seq T1), 　[seq f i | i <- mask m s] = mask m [seq f i | i <- s]
map_f	forall (T1 T2 : eqType) (f : T1 -> T2) (s : seq T1) (x : T1), 　x \in s -> f x \in [seq f i | i <- s]
mapP	reflect (exists2 x : T1, x \in s & y = f x) 　(y \in [seq f i | i <- s])[◆2]
mem_iota	forall (m n : nat) (i : nat_eqType), 　(i \in iota m n) = (m <= i < m + n)
foldr_cat	forall (T2 R : Type) (f : T2 -> R -> R) (z0 : R) (s1 s2 : 　seq T2), foldr f z0 (s1 ++ s2) = foldr f (foldr f z0 s2) s1
foldr_map	forall (T1 T2 : Type) (h : T1 -> T2) (R : Type) 　(f : T2 -> R -> R) (z0 : R) (s : seq T1), 　foldr f z0 [seq h i | i <- s] = foldr (fun (x : T1) (z : R) 　=> f (h x) z) z0 s
natnseq0P	forall s : seq nat, reflect (s = nseq (size s) 0) (sumn s == 0)
zip_unzip	forall (S T : Type) (s : seq (S * T)), zip (unzip1 s) 　(unzip2 s) = s
unzip1_zip	forall (S T : Type) (s : seq S) (t : seq T), 　size s <= size t -> unzip1 (zip s t) = s
size2_zip	forall (S T : Type) (s : seq S) (t : seq T), 　size t <= size s -> size (zip s t) = size t

---

◆1　ただし T : eqType, s : seq T, x : Equality.sort T
◆2　ただし T1 T2 : eqType, f : T1 -> T2, s : seq T1

4.5 fintype.v —— 有限型のライブラリ

4.5.1 概要

fintype は有限集合の諸性質を形式化したライブラリです．本書を読み進める上で有用なポイントを三つ挙げます．

1. 有限集合を形式化した型は finType として提供され，その型は型 eqType の属性をもちます．たとえば，x, y : finType に対して x == y や x != y のような記述ができます．加えて，便利なリフレクション補題が多数提供されます．たとえば Prop 型の {subset ... <= ...} に対して，その bool 型版と言える ... \subset ... が提供されます．

2. 濃度を扱えます．有限集合 A の濃度 $\#A$ の形式化として，A : finType に対し，記法 #|A| が提供されます．たとえば，有限な母集合 T とその部分集合 A の濃度に関する言明 $\#A + \#A^c = \#T$（ここで A^c は集合 A の補集合）は補題 cardC A : #|A| + #|[predC A]| = #|T| として提供されます．

3. 有限順序数を扱えます．自然数 n に対応する順序数 $\mathrm{ord}(n)$ の形式化として，n : nat に対し，型 'I_n が提供されます．この 'I_n は依存型であることを注意しておきます．型 'I_n は集合 $\{0, 1, \ldots, n-1\}$ の形式化としても解釈できるよう，コアーションが設定されています．たとえば

    Lemma enum_ordinal_3 (i : 'I_3) : i < 3.

を読み込んでみましょう．このとき，コンテキストから i の型は 'I_3 であることが確認できますが，サブゴールの i < 3 では i のほうを nat とみなしています．ちなみに証明は

    Proof. done. Qed.

で十分です．

fintype.v はライブラリ MathComp のフォルダ ssreflect 内にあります．Windows バイナリ版のデフォルト設定でインストールしていれば，ファイルの位置は C￥lib￥user-contrib￥mathcomp￥ssreflect￥fintype.v となります．

4.5.2 提供する定義，関数

表 4.11 は fintype.v が提供する定義と記法の一部です．各定義や記法の使用法と

表 4.11 fintype.v が提供する定義と記法の例

記法・定義	意味
finType	有限集合に相当する型.
pred T	母集合 T をもつ集合の形式化に相当. ただし T : finType.
#| A |	集合 A の濃度の形式化に相当. card (mem A)の記法.
\subset	集合の包含関係の形式化に相当. A \subset B により，集合 A が集合 B の部分集合であることの形式化に相当. A \subset B := subset (T:=T) (mem A) (mem B)
\proper	集合の包含関係で等号を許さないものの形式化に相当. A \proper B により，集合 A が集合 B の真部分集合であることの形式化に相当. A \proper B := proper (T:=T) (mem A) (mem B)
'I_n	n 次の順序数の形式化に相当. n :natに対し，ordinal nの記法. Inductive ordinal (n : nat) : predArgType := Ordinal : forall (m : nat) (_ : leq (S m) n), ordinal n

して，以下のスクリプトを例示します．スクリプト中の言明properPは，表4.12を参照ください．

```
From mathcomp
 Require Import ssreflect ssrbool fintype.

Variable T : finType.
Variables A B : pred T.

Lemma properExi : A \proper B -> (exists2 x, x \in B & x \notin A).
Proof.
by move/ properP; case.
Qed.
```

4.5.3 提供する補題

表4.12中の型は，五つのライブラリssreflect, ssrbool, ssrnat, eqtype, fintypeをインポートした状態の表記です．

fintypeは約250の補題を提供します．表4.12にその一部を抜き出しています．表では濃度，部分集合，写像，またそれらに関係するリフレクト補題を挙げています．ほかにどのような補題が提供されているか把握しておくために，fintype.v を眺めてみるとよいでしょう．

表 4.12 fintype.v が提供する補題例

補題名	型
eq_card	forall (T : finType) (A B : pred T), A =i B -> #|A| = #|B|
eq_card_trans	forall (T : finType) (A B : pred T) (n : nat), #|A| = n -> B =i A -> #|B| = n
card0	forall T : finType, #|pred0| = 0
cardT	forall T : finType, #|T| = seq.size (enum T)
card1	forall (T : finType) (x : T), #|pred1 x| = 1
eq_card0	forall (T : finType) (A : pred T), A =i pred0 -> #|A| = 0
eq_cardT	forall (T : finType) (A : pred T), A =i predT -> #|A| = seq.size (enum T)
cardC	forall (T : finType) (A : pred T), #|A| + #|predC (mem A)| = #|T|
max_card	forall (T : finType) (A : pred T), #|A| <= #|T|
card_size	forall (T : finType) (s : list T), #|s| <= seq.size s
card_uniqP	reflect (#|s| = seq.size s) (seq.uniq s)◆1
card_gt0P	forall (T : finType) (A : pred T), reflect (exists i : T, i \in A) (0 < #|A|)
subsetP	reflect {subset A <= B} (A \subset B)◆2
subsetPn	reflect (exists2 x : T, x \in A & x \notin B) (~~ (A \subset B))◆3
subset_leq_card	forall (T : finType) (A B : pred T), A \subset B -> #|A| <= #|B|
subset_predT	forall (T : finType) (A : pred T), A \subset T
subset_eqP	reflect (A =i B) ((A \subset B) && (B \subset A))◆4
subset_cardP	forall (T : finType) (A B : pred T), #|A| = #|B| -> reflect (A =i B) (A \subset B)
subset_trans	forall (T : finType) (A B C : pred T), A \subset B -> B \subset C -> A \subset C
properP	reflect (A \subset B /\ (exists2 x : T, x \in B & x \notin A)) (A \proper B)◆5
proper_sub	forall (T : finType) (A B : pred T), A \proper B -> A \subset B
proper_card	forall (T : finType) (A B : pred T), A \proper B -> #|A| < #|B|

◆1 ただし T : finType, s : list T
◆2 ただし T : finType, A B : pred T
◆3 ただし T : finType, A B : pred T
◆4 ただし T : finType, A B : pred T
◆5 ただし T : finType, A B : pred T

表 4.12 （続き） `fintype.v` が提供する補題例

補題名	型
existsPP	forall (T : finType) (P : pred T) (PP : T -> Prop), (forall x : T, reflect (PP x) (P x)) -> reflect (exists x : T, PP x) [exists x, P x]
forallPP	forall (T : finType) (P : pred T) (PP : T -> Prop), (forall x : T, reflect (PP x) (P x)) -> reflect (forall x : T, PP x) [forall x, P x]
forallP	reflect (forall x : T, P x) [forall x, P x] ◆1
existsP	reflect (exists x : T, P x) [exists x, P x] ◆2
injectiveP	forall (aT : finType) (rT : eqType) (f : aT -> rT), reflect (ssrfun.injective f) (injectiveb (aT:=aT) (rT:=rT) f)
size_image	forall (T : finType) (T' : Type) (f : T -> T') (A : pred T), seq.size (image f A) = #|A|
size_codom	forall (T : finType) (T' : Type) (f : T -> T'), seq.size (codom f) = #|T|
imageP	reflect (exists2 x : T, x \in A & y = f x) (y \in image f A) ◆3
codomP	reflect (exists x : T, y = f x) (y \in codom f) ◆4
image_f	forall (T : finType) (T' : eqType) (f : T -> T') (A : pred T) (x : T), x \in A -> f x \in image f A
mem_image	forall (T : finType) (T' : eqType) (f : T -> T'), ssrfun.injective f -> forall (A : pred T) (x : T), (f x \in image f A) = (x \in A)
leq_image_card	forall (T T' : finType) (f : T -> T')(A : pred T), #|image f A| <= #|A|
card_image	forall (T T' : finType) (f : T -> T'), ssrfun.injective f -> forall A : pred T, #|image f A| = #|A|
inj_card_bij	forall (T T' : finType) (f : T -> T'), ssrfun.injective f -> #|T| = #|T'| -> ssrfun.bijective f
card_option	T : finType, #|option T| = #|T|.+1
ltn_ord	forall (n : nat) (i : 'I_n), i < n
ord_inj	forall n : nat, ssrfun.injective (nat_of_ord (n:=n))
card_ord	forall n : nat, #|'I_n| = n

◆1 ただし T : finType, P : pred T
◆2 ただし T : finType, P : pred T
◆3 ただし T : finType, A : pred T, T' : eqType, f : T -> T', y : Equality.sort T'
◆4 ただし T : finType, T' : eqType, f : T -> T', y : Equality.sort T'

表 4.12（続き） fintype.v が提供する補題例

補題名	型
widen_ord_proof	forall (n m : nat) (i : 'I_n), n <= m -> i < m
cast_ord_proof	forall (n m : nat) (i : 'I_n), n = m -> i < m
enum_rank_subproof	forall (T : finType) (x0 : T) (A : pred T), x0 \in A -> 0 < #|A|
leq_ord	forall (n' : nat) (i : 'I_n'.+1), i <= n'
card_prod	forall T1 T2 : finType, #|(T1 * T2) %type| = #|T1| * #|T2|
card_sum	forall T1 T2 : finType, #|(T1 + T2) %type| = #|T1| + #|T2|

4.6 bigop.v —— 総和，総乗等のライブラリ

4.6.1 概要

bigop は，総和 $\sum$ や総乗 $\prod$ のように「一つの演算を繰り返して適用する計算」と「そのような計算の諸性質」を形式化したライブラリです．具体的には，自然数の集合に対する最大公約数 LCM，最小公倍数 GCD，最大値 MAX，そして最小値 MIN を便利に扱える補題等が提供されます．

bigop.v はライブラリ MathComp のフォルダ ssreflect 内にあります．Windows バイナリ版のデフォルト設定でインストールしていれば，ファイルの位置は C¥lib¥user-contrib¥mathcomp¥ssreflect¥bigop.v となります．

本節の記法は，六つのライブラリ ssreflect, ssrbool, ssrnat, eqtype, fintype, bigop をインポートした状態の表記です．

4.6.2 提供する定義，関数

ライブラリ bigop では $\sum$, $\prod$, LCM, GCD, $\bigcap$, max といった関数を抽象化した関数 bigop (BigOp.bigop) が導入されています．この関数 bigop は，もう一つの関数 bigbody を経由して

```
forall R I : Type,
R -> list I -> (I -> bigbody R I) -> R

Arguments R, I are implicit
```

と定義されています．ここで

```
CoInductive bigbody (R I : Type) : Type :=
    BigBody : I ->
              (R -> R -> R) -> bool -> R -> bigbody R I

For BigBody: Arguments R, I are implicit
```

4.6 bigop.v ファイル——総和，総乗等のライブラリ

です．

関数 bigop は\big で始まる記法がいくつか用意されています．この記法の使い方を通じた解説をしていきます．まず一例として

```
\big[ op / idx ]_(i <- r) F i
```

の使い方を述べます．この記法のうち op, idx, r, F は引数です．

op には，繰り返し適用したい二項演算を指定します．この記法を総和 $\sum$ として用いたいのであれば加法 + を形式化した関数 addn，総乗 $\prod$ であれば乗法 * を形式化した関数 muln を指定します．

idx には演算を適用する範囲が空のときの値を指定します．総和であれば 0 を形式化した 0 を，総乗であれば 1 を形式化した S 0 を指定します．そのほか，LCM, GCD, MAX に対する op, idx はそれぞれ関数 lcmn と nat 型の 1，関数 gcdn と nat 型の 0，そして関数 maxn と nat 型の 0 が指定されます．この idx は，二項演算 op を適用する最後の値としても用いられます．具体的に述べると，演算を適用したい値が a_1, a_2, a_3 である場合，計算結果は idx op a_1 op a_2 op a_3 となります．この考え方を数学的な例で表記すれば，総和で 5, 2, 10 の 2 倍を足すことを

$$\sum_{i \in \{5,2,10\}} 2*i = 2*5 + \sum_{i \in \{2,10\}} 2*i$$
$$= 2*5 + \left(2*2 + \sum_{i \in \{10\}} 2*i\right)$$
$$= 2*5 + \left(2*2 + \left(2*10 + \sum_{i \in \emptyset} 2*i\right)\right)$$
$$= 2*5 + (2*2 + (2*10 + 0))$$

と捉えているわけです．

ここで記法の引数に戻りましょう．r には，演算を繰り返し適用するためのインデックス相当のリストを指定します．そして F には，リスト r の要素から演算を適用する値を対応させる関数を指定します[1]．先の例では r = [:: 5; 2; 10] が，そして F = double が対応します．

以上を踏まえてつくった記法の使用例が以下です．

```
\big[ addn / 0 ]_(i <- [:: 5; 2; 10]) (double i)
```

ただし double (x : nat) : nat := 2 * x．を表します．

---

[1] つまり，定義域が「r」で値域が「opの台」である関数です．

\big で始まる記法がいくつか提供されますが，それらは演算を繰り返し適用するためのインデックスの記法を変えたものです．インデックスを（リストでなく）iota を使う記法で構成した定義が

```
\big[ op / idx ]_( m <= i < n ) F i
```

であり，これは\big[op / idx]_(i <- iota m (n-m)) F i を意味します．

インデックスを型 finType をもつ勝手な T を使って構成した記法が

```
\big[ op / idx ]_( i : T) F i
```

です．同じ意味の記法として

```
\big[ op / idx ]_(i in T) F i
```

があります．

インデックスを ordinal を使う記法で構成した定義が

```
\big[ op / idx ]_( i < n) F i
```

であり，これは\big[op / idx]_(i : ordinal n) F i を意味します．ただし F の定義域は nat とし，コアーションを利用します．

上記の各記法の範囲をブール述語 P で制限した次の記法も提供されます．

```
\big[ op / idx ]_( i <- r | P ) F i
\big[ op / idx ]_( m <= i < n | P ) F i
\big[ op / idx ]_( i : T | P ) F i
\big[ op / idx ]_( i in T | P ) F i
\big[ op / idx ]_( i < n | P ) F i
```

\big の引数を固定し，総和・総乗・集合上の最大値を表す記法も提供されます．例として，インデックスの範囲をリストにしたもののみ記載しますが，一般の\big と同様に様々なインデックスに対応した記法が提供されます．

```
\sum_( i <- r ) F i := \big[ addn / 0 ]_( i <- r ) F i
\prod_( i <- r ) F i := \big[ muln / 1 ]_( i <- r ) F i
\max_( i <- r ) F i := \big[ maxn / 0 ]_( i <- r ) F i
```

4.6.3 提供する補題

bigop.v は約 170 の補題を提供します．表 4.13 にその一部を抜き出しています．表中の型は，六つのライブラリ ssreflect, ssrbool, ssrnat, eqtype, fintype, bigop をインポートした状態の表記です．

表では基礎的な補題を挙げています．ほとんどの言明が等式に関するものです．リフレクト補題は bigop ライブラリのなかでたった三つしかありません．ここでは

4.6 bigop.v ファイル──総和，総乗等のライブラリ

bigmax_leqP を例示しています．ほかにもモノイドに関するものや，iota に関するものなどの補題があります．どのような補題が提供されているか把握しておくために，bigop.v を眺めてみるとよいでしょう．

補足 ▶ op と idx は，代数の一つモノイドの属性が要求されることがあります．表の型欄に Monoid と書かれている型がある場合です．各対 (addn, 0), (muln, 1), (maxn, 0), (gcdn, 0), (lcmn, 1), (andb, false), (orb, true), (addb, false) がモノイドの属性をもつことはライブラリ bigop 内で形式化されています．

　　読者が，独自に定義した演算を op として用いたい場合は，必要に応じてモノイドの属性をもつことも形式化することになります．

表 4.13　bigop.v が提供する補題例

補題名	型
congr_big	forall (R : Type) (idx : R) (op : R -> R -> R) (I : Type) (r1 r2 : seq I) (P1 P2 : pred I) (F1 F2 : I -> R), r1 = r2 -> ssrfun.eqfun P1 P2 -> (forall i : I, P1 i -> F1 i = F2 i) -> \big[op/idx]_(i <- r1 | P1 i) F1 i = \big[op/idx]_(i <- r2 | P2 i) F2 i
big_nil	forall (R : Type) (idx : R) (op : R -> R -> R) (I : Type) (P : pred I) (F : I -> R), \big[op/idx]_(i <- [::] | P i) F i = idx
big_pred0_eq	forall (R : Type) (idx : R) (op : R -> R -> R) (I : Type) (r : seq I) (F : I -> R), \big[op/idx]_(i <- r | false) F i = idx
eq_big_seq	forall (R : Type) (idx : R) (op : R -> R -> R) (I : eqType) (r : seq I) (F1 F2 : I -> R), {in r, ssrfun.eqfun F1 F2} -> \big[op/idx]_(i <- r) F1 i = \big[op/idx]_(i <- r) F2 i
eq_big_nat	forall (R : Type) (idx : R) (op : R -> R -> R) (m n : nat) (F1 F2 : nat -> R), (forall i : nat, m <= i < n -> F1 i = F2 i) -> \big[op/idx]_(m <= i < n) F1 i = \big[op/idx]_(m <= i < n) F2 i
big_add1	forall (R : Type) (idx : R) (op : R -> R -> R) (m n : nat) (P : pred nat) (F : nat -> R), \big[op/idx]_(m.+1 <= i < n | P i) F i = \big[op/idx]_(m <= i < n.-1 | P i.+1) F i.+1
big_addn	forall (R : Type) (idx : R) (op : R -> R -> R) (m n a : nat) (P : pred nat) (F : nat -> R), \big[op/idx]_(m + a <= i < n | P i) F i = \big[op/idx]_(m <= i < n - a | P (i + a)) F (i + a)

表 4.13 （続き） `bigop.v` が提供する補題例

補題名	型
`big_nat_recl`	`forall (R : Type) (idx : R) (op : R -> R -> R) (n m : nat) (F : nat -> R), m <= n -> \big[op/idx]_(m <= i < n.+1) F i = op (F m) (\big[op/idx]_(m <= i < n) F i.+1)`
`big_mkord`	`forall (R : Type) (idx : R) (op : R -> R -> R) (n : nat) (P : pred nat) (F : nat -> R), \big[op/idx]_(0 <= i < n | P i) F i = \big[op/idx]_(i < n | P i) F i`
`big_ord0`	`forall (R : Type) (idx : R) (op : R -> R -> R) (P : 'I_0 -> bool) (F : 'I_0 -> R), \big[op/idx]_(i < 0 | P i) F i = idx`
`big1`	`forall (R : Type) (idx : R) (op : Monoid.law idx) (I : Type) (r : seq I) (P : pred I) (F : I -> R), (forall i : I, P i -> F i = idx) -> \big[op/idx]_(i <- r | P i) F i = idx`
`big_seq1`	`forall (R : Type) (idx : R) (op : Monoid.law idx) (I : Type) (i : I) (F : I -> R), \big[op/idx]_(j <- [:: i]) F j = F i`
`big_cat`	`forall (R : Type) (idx : R) (op : Monoid.law idx) (I : Type) (r1 r2 : seq I) (P : pred I) (F : I -> R), \big[op/idx]_(i <- (r1 ++ r2)	P i) F i = op (\big[op/idx]_(i <- r1 | P i) F i) (\big[op/idx]_(i <- r2 | P i) F i)`
`big_cat_nat`	`forall (R : Type) (idx : R) (op : Monoid.law idx) (n m p : nat) (P : pred nat) (F : nat -> R), m <= n -> n <= p -> \big[op/idx]_(m <= i < p | P i) F i = op (\big[op/idx]_(m <= i < n | P i) F i) (\big[op/idx]_(n <= i < p | P i) F i)`
`big_nat1`	`forall (R : Type) (idx : R) (op : Monoid.law idx) (n : nat) (F : nat -> R), \big[op/idx]_(n <= i < n.+1) F i = F n`
`big_nat_recr`	`forall (R : Type) (idx : R) (op : Monoid.law idx) (n m : nat) (F : nat -> R), m <= n -> \big[op/idx]_(m <= i < n.+1) F i = op (\big[op/idx]_(m <= i < n) F i) (F n)`
`big_ord_recr`	`forall (R : Type) (idx : R) (op : Monoid.law idx) (n : nat) (F : 'I_n.+1 -> R), \big[op/idx]_(i < n.+1) F i = op (\big[op/idx]_(i < n) F (widen_ord (m:=n.+1) (leqnSn n) i)) (F ord_max)`
`big_nat_rev`	`forall (R : Type) (idx : R) (op : Monoid.com_law idx) (m n : nat) (P : nat -> bool) (F : nat -> R), \big[op/idx]_(m <= i < n | P i) F i = \big[op/idx]_(m <= i < n	P (m + n - i.+1)) F (m + n - i.+1)`

4.6 bigop.v ファイル——総和，総乗等のライブラリ

表 4.13（続き）　bigop.v が提供する補題例

補題名	型
exchange_big	forall (R : Type) (idx : R) (op : Monoid.com_law idx) (I J : Type) (rI : seq I) (rJ : seq J) (P : pred I) (Q : pred J) (F : I -> J -> R), \big[op/idx]_(i <- rI | P i) \big[op/idx]_(j <- rJ | Q j) F i j = \big[op/idx]_(j <- rJ | Q j) \big[op/idx]_(i <- rI | P i) F i j
exchange_big_nat	forall (R : Type) (idx : R) (op : Monoid.com_law idx) (m1 n1 m2 n2 : nat) (P Q : pred nat) (F : nat -> nat -> R), \big[op/idx]_(m1 <= i < n1 | P i) \big[op/idx]_(m2 <= j < n2 | Q j) F i j = \big[op/idx]_(m2 <= j < n2 | Q j) \big[op/idx]_(m1 <= i < n1 | P i) F i j
big_distrl	forall (R : Type) (zero : R) (times : Monoid.mul_law zero) (plus : Monoid.add_law zero times) (I : Type) (r : seq I) (a : R) (P : pred I) (F : I -> R), times (\big[plus/zero]_(i <- r | P i) F i) a = \big[plus/zero]_(i <- r | P i) times (F i) a
big_has	forall (I : Type) (r : seq I) (B : pred I), \big[orb/false]_(i <- r) B i = has B r
big_all	forall (I : Type) (r : seq I) (B : pred I), \big[andb/true]_(i <- r) B i = all B r
sum_nat_const	forall (I : finType) (A : pred I) (n : nat), \sum_(i in A) n = #|A| * n
sum1_size	forall (J : Type) (r : seq J), \sum_(j <- r) 1 = size r
prod_nat_const	forall (I : finType) (A : pred I) (n : nat), \prod_(i in A) n = n ^ #|A|
leq_sum	forall (I : Type) (r : seq I) (P : pred I) (E1 E2 : I -> nat), (forall i : I, P i -> E1 i <= E2 i) -> \sum_(i <- r | P i) E1 i <= \sum_(i <- r | P i) E2 i
leq_bigmax	forall (I : finType) (F : I -> nat) (i0 : I), F i0 <= \max_i F i
bigmax_leqP	forall (I : finType) (P : pred I) (m : nat) (F : I -> nat), reflect (forall i : I, P i -> F i <= m) (\max_(i | P i) F i <= m)
expn_sum	forall (m : nat) (I : Type) (r : seq I) (P : pred I) (F : I -> nat), m ^ (\sum_(i <- r | P i) F i) = \prod_(i <- r | P i) m ^ F i
biglcmn_sup	forall (I : finType) (i0 : I) (P : pred I) (F : I -> nat) (m : nat), P i0 -> div.dvdn m (F i0) -> div.dvdn m (\big[div.lcmn/1]_(i | P i) F i)
biggcdn_inf	forall (I : finType) (i0 : I) (P : pred I) (F : I -> nat) (m : nat), P i0 -> div.dvdn (F i0) m -> div.dvdn (\big[div.gcdn/0]_(i | P i) F i) m

5

集合の形式化

　いよいよ本格的に数学の形式化をしていきましょう．本章で扱うのは集合論です．第 3 章で紹介した様々なタクティクと，第 4 章で紹介した SSReflect のライブラリを活用します．自分で形式化した定理が増えていくと，とても楽しいですよ．

第 5 章 ▶ 集合の形式化

本章では集合の基礎的な事項を形式化していきます．具体的には集合と部分集合(→ 5.1 節)，集合間の関係(→ 5.2 節)，集合上の演算(→ 5.3 節)，集合間の写像(→ 5.4 節)などを扱います．スクリプトを示しながら解説しますが，形式化する方法は一通りではないため，あくまで形式化の一例として捉えるのがよいでしょう．読者自身でもいろいろとアイデアを出しながら，独自の形式化をしてください．

5.1 集合，部分集合

まず準備として，次のスクリプトから始めます．

```
1  From mathcomp
2   Require Import all_ssreflect.
3
4  Set Implicit Arguments.
5  Unset Strict Implicit.
6  Import Prenex Implicits.
```

1, 2 行目はライブラリ MathComp にある SSReflect 関係のライブラリをすべてインポートする命令です．残りの命令は，Coq による推論を柔軟にするための命令です．あわせて定型文として覚えておくとよいでしょう．

続いて「集合」そのもの，そして「元の所属」を形式化します．

```
7
8  Definition mySet (M : Type) := M -> Prop.
9  Definition belong {M : Type} (A : mySet M) (x : M) :
10    Prop := A x.
11 Notation "x ∈ A" := (belong A x) (at level 11).
12 Axiom axiom_mySet : forall (M : Type)(A : mySet M),
13   forall (x : M), (x ∈ A) \/ ~(x ∈ A).
```

ここでのアイデアは，「ある元 x が集合に属しているか否か」をもとに集合を形式化するというものです．そこで「元の型」「属しているか否か」を Coq/SSReflect の文法で表現します．前者は一般性のある勝手な型 M : Type としました．母集合の英訳 mother set を意識して文字 M を選びました．そして後者を M の要素ごとに「属しているか否か」と解釈できる言明にしたいと考え，M -> Prop という型で表現しました．オリジナルの定義であることがわかるように名前を mySet とし，引数として M を与えることで mySet M が型 M -> Prop をもつようにしました．

ちなみに，このように形式化するアイデアは Coq では標準的です．実際，Coq のライブラリ Sets.Ensembles では Ensemble という名前で同様の定義がなされています．

このように形式化した集合を扱うには，台となる型 M を用いて A : mySet M と記

述します．また，元 x : M が A に属していることは A x，属していないことは ~(A x) として扱えるようになります．これを関数として利用できるように，belong A x として A x : Prop を表すよう定義しています．さらに数学らしい記法として x ∈ A により belong A x，つまり A x : Prop を表すようにしました．なお，この記法では日本語の全角文字 ∈ を用いています．「きごう」の変換候補に含まれていると思います．後から導入する記法 ⊂ と ∪ も同様です．

belong の定義をよく見ると，新しい記号「{」と「}」が {M : Type} として現れています．記号「{」と「}」で囲まれた引数は関数に与えずに省略できるようになります．省略されていても，Coq が推論するのです．

さて，mySet (M : Type) := M -> Prop という定義では，集合として満たしてほしい性質「任意の集合に対し，その補集合の補集合はもとの集合と一致する」が証明できません．この性質は「任意の x に対して $x \in A$ もしくは $x \notin A$ が従う」から得られます．そこで mySet T がつねにこの性質をもつよう，axiom_mySet という名前で条件をつけました．

空集合と母集合は，次のように形式化できます．

```
14
15 Definition myEmptySet {M : Type} : mySet M := fun _ => False.
16 Definition myMotherSet {M : Type} : mySet M := fun _ => True.
```

形式化した空集合を myEmptySet，母集合を myMotherSet と名づけました．上の記号を用いれば，空集合は「任意の x : M に対して ~(x ∈ myEmptySet)」，母集合は「任意の x : M に対して x ∈ myMotherSet」を表していることになります．

5.2　包含関係と等号

集合間の基本的な関係である包含関係を形式化しましょう．包含関係の数学的定義として，「二つの集合 A, B が包含関係 $A \subset B$ にあるとは，任意の $x \in A$ に対して $x \in B$ が成り立つこと」を使うことにします．定義は二つの集合に対する条件（言明）ですから，その型は mySub M -> mySub M -> Prop と表せます．そこで引数として二つの mySub M から Prop へ対応する関数として包含関係を形式化し，その名前を mySub としました．

```
17
18 Definition mySub {M} := fun (A B : mySet M) =>
19   (forall (x : M), (x ∈ A) -> (x ∈ B)).
20 Notation "A ⊂ B" := (mySub A B) (at level 11).
```

数学的に読みやすい形式化になっていると思います．

包含関係を定義したところで，いくつかの定理・補題を形式化してみましょう．

```
21
22  Section 包含関係.
23  Variable M : Type.
24
25  Lemma Sub_Mother (A : mySet M) : A ⊂ myMotherSet.
26  Proof. by []. Qed.
27
28  Lemma Sub_Empty (A : mySet M) : myEmptySet ⊂ A.
29  Proof. by []. Qed.
30
31  Lemma rfl_Sub (A : mySet M) : (A ⊂ A).
32  Proof. by []. Qed.
33
34  Lemma transitive_Sub (A B C : mySet M):
35      (A ⊂ B) -> (B ⊂ C) -> (A ⊂ C).
36  Proof. by move=> H1 H2 t H3; apply: H2; apply: H1. Qed.
37
38  End 包含関係.
```

最初の2行では，コマンド Section によりセクション名を包含関係と定めました．セクションを使う理由は，集合の台となる型 M : Type を固定するためです．コマンド Variable は特定の記号の型を固定してしまうため，セクション内での利用が推奨されています．

上では補題を四つ形式化しました．どれも包含関係を意識した補題のため，補題名に関数 mySub の一部である "Sub" をつけました．

補題 Sub_Mother は「どんな集合でも母集合に含まれる」という言明の形式化です．関数 mySub と myMotherSet の定義から証明は明らかです．補題 Sub_Empty は「どんな集合でも空集合を含む」という言明の形式化です．この証明も定義から明らかです．

補題 rfl_Sub は「どんな集合でも自分自身を含む（含まれる）」という言明の形式化です．二項関係において自分自身が関係をもつことを反射律，英語で reflexivity と言います．そこで補題名に rfl とつけました．

次の補題 transitive_Sub は「包含関係は推移律を満たす」という言明の形式化です．証明は明らかではありませんが，1行で終わります．読者自身で確認してみてください．

続いて集合の等号を形式化します．二つの集合 A, B に対する関係「$A = B$」を「$A \subset B$ かつ $B \subset A$」により定義しましょう．一方で，Coq の型としての等号が mySet {M : Type} に定められています．「$A = B$」ならば「$A \subset B$ かつ $B \subset A$」

は，タクティク rewrite と補題 rfl_Sub の適用により証明可能です．一方，逆は証明できません．そこで逆が従うことを，公理として導入してしまいましょう．

```
39
40  Definition eqmySet {M : Type}:=
41    fun (A B : mySet M) => (A ⊂ B /\ B ⊂ A).
42  Axiom axiom_ExteqmySet : forall {M : Type} (A B : mySet M),
43    eqmySet A B -> A = B.
```

公理名を axiom_ExteqmySet としました．

等号の性質を形式化しましょう．

```
44
45  Section 等号.
46  Variable Mother : Type.
47
48  Lemma rfl_eqS (A : mySet Mother) : A = A.
49  Proof. by []. Qed.
50
51  Lemma sym_eqS (A B : mySet Mother) : A = B -> B = A.
52  Proof. move=> H. by rewrite H. Qed.
53
54  End 等号.
```

ここでは補題を二つ形式化しています．集合に対する等号の補題であることがわかるように，eq（等号）と S（集合 mySet）を組み合わせた eqS を補題名につけました．二つ目の補題名の sym は対称律の英語である symmetry からつけました．

5.3 集合上の演算

集合から集合を構成する，いわゆる集合上の演算を形式化しましょう．

ここでは補集合と和集合を与える演算を定義します．

```
55
56  Definition myComplement {M : Type} (A : mySet M) : mySet M :=
57    fun (x : M) => ~(A x).
58  Notation "A ^c" := (myComplement A) (at level 11).
59
60  Definition myCup {M : Type} (A B : mySet M) : mySet M :=
61    fun (x : M) => (x ∈ A) \/ (x ∈ B).
62  Notation "A ∪ B" := (myCup A B) (at level 11).
```

最初の myComplement は，補集合を与える関数です．A x の真偽を入れ替えたものとして形式化し，その記法として一般的な A^c を導入しました．

続く myCup は，和集合を与える関数です．論理和 \/ を用いて形式化し，その記法として A ∪ B を導入しました．

補集合の性質を形式化しましょう．

```
63
64  Section 演算.
65  Variable M : Type.
66
67  Lemma cEmpty_Mother : (@myEmptySet M)^c = myMotherSet.
68  Proof.
69  apply: axiom_ExteqmySet; rewrite /eqmySet.
70  by apply: conj; rewrite /mySub /myComplement // => x Hfull.
71  Qed.
72
73  Lemma cc_cancel (A : mySet M) : (A^c)^c = A.
74  apply: axiom_ExteqmySet; rewrite /eqmySet.
75  apply: conj; rewrite /mySub /myComplement => x H //.
76  by case: (axiom_mySet A x).
77  Qed.
78
79  Lemma cMother_Empty : (@myMotherSet M)^c = myEmptySet.
80  Proof. by rewrite -cEmpty_Mother cc_cancel. Qed.
```

最初の補題 cEmpty_Mother は「空集合の補集合は母集合と一致する」という言明を形式化しています．ここで注意したいのは関数 myEmptySet の最初に @ がつけられていることです．この @ は，関数につけることで引数を推論させないようにする命令です．ここでは引数 M を推論させず，指定するようにしています．もし @ をつけず，さらに M も省略すると，この補題の読み込み時に Coq は次のエラーを表示します．

```
Error: Cannot infer the implicit parameter M of
myComplement whose type is
"Type" in environment:
M : Type
```

これは「型 M が推論できない」というエラーです．一方，右辺の myEmptySet 側の引数 M は推論できています．これは「左辺で M が指定されているので，右辺にも M が指定されるべきだ」という Coq による推論が成功したおかげです．

二つ目の補題は「集合の補集合の補集合はもとの集合と一致する」の形式化です．最後の補題は「母集合の補集合は空集合と一致する」の形式化です．

続いて，和集合に関する補題の形式化を挙げます．

```
81
82  Lemma myCupA (A B C : mySet M) : (A ∪ B) ∪ C = A ∪ (B ∪ C).
83  Proof.
```

```
 84  apply: axiom_ExteqmySet.
 85  rewrite /eqmySet /mySub.
 86  apply: conj => x [H1 | H2].
 87  -case: H1=> t.
 88   +by apply: or_introl.
 89   +by apply: or_intror; apply: or_introl.
 90  -by apply: or_intror; apply: or_intror.
 91  -by apply: or_introl; apply: or_introl.
 92  -case: H2=> t.
 93   +by apply: or_introl; apply: or_intror.
 94   +by apply: or_intror.
 95  Qed.
 96
 97  Lemma myUnionCompMother (A : mySet M) : A ∪ (A^c) =
        myMotherSet.
 98  Proof.
 99  apply: axiom_ExteqmySet; rewrite /eqmySet /mySub; apply: conj
        => [x | x HM].
100  -by case.
101  -by case: (axiom_mySet A x); [apply: or_introl |apply:
        or_intror].
102  Qed.
103  End 演算.
```

最初の補題 myCupA は「和集合の演算の結合則」の形式化です．数学的に直観的な記法となっていると思います．次の補題 myUnionCompMother は「集合とその補集合の和集合は母集合と一致する」の形式化です．こちらも数学的に直観的な記法となっていると思います．この章に出てきた補題のなかでは証明が長めですが，内容は or_intror と or_introl を適宜適用しているだけと言えます．

読者は，積集合の形式化に挑戦されるとよいと思います．和集合，積集合，補集合の形式化が揃ったら，ド・モルガンの法則の形式化に挑戦してみるのはいかがでしょうか．

5.4 集合間の写像

続いて集合間の写像を形式化しましょう．

```
104
105  Definition myMap {M1 M2 : Type} (A : mySet M1) (B : mySet M2)
106    (f : M1 -> M2)
107    := (forall (x : M1), (x ∈ A) -> ((f x) ∈ B)).
108  Notation "f ∈Map A \to B" := (myMap A B f) (at level 11).
```

AとBの台をそれぞれM1, M2とし，写像fをM1からM2への関数と捉えました．その上で，定義域と値域を制限するために(forall (x : M1), (x ∈ A) -> ((f x) ∈ B))という言明を満たすものとして形式化しています．記法はf ∈ Map A \to Bとしています．一般的な数学記法では$f : A \mapsto B$と書きますが，ここではこの記法を避けました．理由として，たとえばこの記法がコンテキストにあるとき，その証明をHとするとH : f : A -> Bとなってしまい少しわかりづらいからです．

写像には合成とよばれる演算があります．それを次のように形式化してみました．

```
109
110 Definition MapCompo {M1 M2 M3: Type} (f : M2 -> M3) (g : M1 -> M2):
111   M1 -> M3 := fun (x : M1) => f (g x).
112 Notation "f ・ g" := (MapCompo f g) (at level 11).
```

写像$f : B \mapsto C$と$g : A \mapsto B$を合成した$f \cdot g$の型をM1 -> M3として定義しています．ここでは，定義域がAであり値域がCである保証を要請していません．なぜならA, B, Cが型ではなく言明であることから，$f \cdot g$の型をA -> Cと指定できないのです．そのように型を指定することはできませんが，証明ができます．後ほど，補題CompoTransとして証明します．

写像に関するいくつかの定義を形式化しておきます．ここでは「像」「単射」「全射」「全単射」を形式化しました．

```
113
114 Definition ImgOf {M1 M2 : Type} (f : M1 -> M2) {A : mySet M1}
      {B : mySet M2}
115 (_ : f ∈Map A \to B) : mySet M2
116   := fun (y : M2) => (exists (x : M1), y = f x /\ x ∈ A).
117
118 Definition mySetInj {M1 M2 : Type} (f : M1 -> M2) (A : mySet M1)
      (B : mySet M2)
119 (_ : f ∈Map A \to B) :=
120   forall (x y : M1), (x ∈ A) -> (y ∈ A) -> (f x = f y) -> (x = y).
121
122 Definition mySetSur {M1 M2 : Type} (f : M1 -> M2) (A : mySet M1)
      (B : mySet M2)
123 (_ : f ∈Map A \to B) :=
124   forall (y : M2), (y ∈ B) ->  (exists (x : M1), (x ∈ A) ->
      (f x = y)).
125
126 Definition mySetBi {M1 M2 : Type} (f : M1 -> M2) (A : mySet M1)
      (B : mySet M2)
127 (fAB : f ∈Map A \to B) :=
128 (mySetInj fAB) /\ (mySetSur fAB).
```

像の形式化では，「B の要素であって，ある $x \in A$ により f x と書けるもの」という条件を二つの条件に分けて表現しています．それらは f $\in$Map A \to B と「M2 の要素であって，ある x : M1 により f x と表せてかつ $x \in A$ を満たすもの」です．こうなる理由は上で述べた写像の合成の形式化と同様です．

ここまでの形式化に慣れてきた読者は，単射・全射の定義が自然に読み取れるようになっていると思います．

全単射の形式化では，直前で形式化した単射と全射の両方を用いました．つまり，「単射かつ全射」として定義しています．単射であることを mySetInj fAB と表現しました．この fAB は mySetBi に引数として与える f $\in$Map A \to B の証明です．自由に名前をつけられるので，A から B への写像 f という気持ちが伝わりやすいように fAB という名前にしました．

写像に関するいくつかの性質を形式化しましょう．

```
129
130 Section 写像.
131 Variables M1 M2 M3: Type.
132 Variable f : M2 -> M3.
133 Variable g : M1 -> M2.
134 Variable A : mySet M1.
135 Variable B : mySet M2.
136 Variable C : mySet M3.
137 Hypothesis gAB : g ∈Map A \to B.
138 Hypothesis fBC : f ∈Map B \to C.
139
140 Lemma transitive_Inj (fgAC : (f ・ g) ∈ Map A \to C) :
141 mySetInj fBC -> mySetInj gAB -> mySetInj fgAC.
142 Proof.
143 rewrite /mySetInj => Hinjf Hinjg x y HxA HyA H.
144 apply: (Hinjg x y HxA HyA).
145 by apply: (Hinjf (g x) (g y)) => //=; apply: gAB.
146 Qed.
147
148 Lemma CompoTrans : (f ・ g) ∈Map A \to C.
149 Proof.
150 move: gAB fBC.
151 rewrite /MapCompo /myMap => Hab Hbc t Ha.
152 by move: (Hbc (g t) (Hab t Ha)).
153 Qed.
154
155 Lemma ImSub : (ImgOf gAB) ⊂ B.
156 Proof.
157 rewrite /mySub => x; case => x0; case => H1 H2.
```

```
158    by rewrite H1; apply: gAB.
159  Qed.
160  End 写像.
```

補題 `transitive_Inj` は「合成に関する単射性の推移律」を形式化したものです．言明 `mySetInj fBC -> mySetInj gAB -> mySetInj fgAC` は「$f: B \mapsto C$ が単射で $g: A \mapsto B$ も単射なら，$f \cdot g: A \mapsto C$ も単射」と読めるように意識して形式化しています．

補題 `CompoTrans` は，上で述べた合成写像の定義域と値域に関する性質の形式化です．この補題を用いれば，直前の補題 `transitive_Inj` に与える `(f ・ g) ∈Map A \to C` の証明がいつでもつくれます．

最後の補題 `ImSub` は「写像の像は値域に含まれる」の形式化です．数学の一般的な記法では $\mathrm{Im}\, g \subset B$ として表すため，読者は違和感を覚えるかもしれません．なぜ g ではなく gAB としたのでしょうか．今回の形式化では関数 g の型を `M1 -> M2` としているため，g には値域の情報が含まれていません．そこで値域が B であることのわかる `g ∈Map A \to B` の証明 gAB を用いる必要が生じたのです．

5.5　fintype を用いた有限集合の形式化

ここまでに行ってきた集合の形式化と SSReflect のライブラリ `fintype` を組み合わせて，有限集合の形式化をしていきましょう．

```
161
162  Variable M : finType.
163
164  Definition p2S (pA : pred M) : mySet M :=
165    fun (x : M) =>
166    if (x \in pA) then True else False.
167
168  Notation "\{ x 'in' pA \}" := (p2S pA).
```

集合の形式化としてつくった型 `mySet` の引数 M として，4.5 節で紹介した型 `finType` の要素を与えるようにしました．そしてライブラリ `ssrbool` で提供されている関数 `pred` と関数 `\in` を利用して，`mySet M` 型の要素 `p2S(pA : pred M)` を構成しました．`x \in pA` のほうは `bool` のため，その値は `true` か `false` です．ここまでに構成した `mySet` は `M -> Prop` 型ですから，型を合わせるには `true` を `True` に，`false` を `False` に対応させれば十分です．名前 `p2S` は，"pred to mySet" を意識しました．

有限集合を `p2S pA` と表せるようになりました．とくに，母集合を `p2S M` もしくは

5.5 fintype を用いた有限集合の形式化

\{ x in M \} と表示できます。

```
169
170 Section fintype を用いた有限集合.
171 Lemma Mother_predT : myMotherSet = \{ x in M \}.
172 Proof. by []. Qed.
```

読者のなかには p2S M という表記に疑問をもたれた方がいるかもしれません。M の型は finType であり，pred M ではないため，p2S の引数として不適切に見えます。Coq には p2S M を p2S (mem M) へと自動的に置き換える機能があります。そのため，このような表記が可能になっています。

次のリフレクト補題 myFinBelongP, myFinSubsetP を導入することで，finType や ssrbool などで提供される補題を利用できるようになります。

```
173
174 Lemma myFinBelongP (x : M) (pA : pred M): reflect (x ∈ \{ x in
         pA \}) (x \in pA).
175 Proof.
176 rewrite /belong /p2S; apply/ (iffP idP)=> H1.
177 -by rewrite (_ : (x \in pA) = true).
178 -+have testH : (x \in pA) || ~~(x \in pA).
179   set t := x \in pA.
180   by case: t.
181   move: testH.
182   case/orP => [| Harg]; first by [].
183   rewrite (_: (x \in pA) = false) in H1; first by [].
184   by apply: negbTE.
185 Qed.
186
187 Lemma myFinSubsetP (pA pB : pred M) :
188     reflect (\{ x in pA \} ⊂ \{ x in pB \}) (pA \subset pB).
189 Proof.
190 rewrite /mySub; apply/ (iffP idP)=>H.
191 -move=> x /myFinBelongP => H2.
192   apply/ myFinBelongP.
193   move: H => /subsetP.
194   by rewrite /sub_mem; apply.
195 -apply/ subsetP.
196   rewrite /sub_mem=> x /myFinBelongP=> HpA.
197   by apply/ myFinBelongP; apply H.
198 Qed.
```

それでは，ライブラリ fintype で提供されている次の補題

```
predT_subset
      : forall (T : finType) (A : pred T),
```

```
          T \subset A ->
          forall x : T, x \in A
```

を利用し，その`mySet`版として

```
199
200 Lemma Mother_Sub (pA : pred M) :
201   myMotherSet ⊂ \{ x in pA \} -> forall x, x ∈ \{ x in pA \}.
```

を証明してみましょう．

まずは上のリフレクト補題を次のように使いましょう．

```
202 Proof.
203 rewrite Mother_predT=> /myFinSubsetP=> H x; apply /myFinBelongP.
```

こうすることで，サブゴールは

```
1 subgoal
M : finType
pA : pred M
H : M \subset pA
x : M
---------------------------------------(1/1)
x \in pA
```

になります．つまり，`mySet` の問題から `fintype` で扱う問題に変わりました．そこで，先の補題を使えば証明が終わります．

```
204 by apply: predT_subset.
205 Qed.
```

このようにして形式化したことで，ライブラリ `fintype` の補題を活用することも，前節までに証明した補題を活用することも，どちらも可能になりました．たとえば包含関係の推移律を証明する際，`fintype` の補題 `subset_trans` を用いるなら次のように示せます．

```
206
207 Lemma transitive_Sub' (pA pB pC : pred M):
208   \{ x in pA \} ⊂ \{ x in pB \}
209   -> \{ x in pB \} ⊂ \{ x in pC \}
210   -> \{ x in pA \} ⊂ \{ x in pC \}.
211 Proof.
212 move /myFinSubsetP =>HAB /myFinSubsetP =>HBC.
213 by apply/myFinSubsetP /(subset_trans HAB HBC).
214 Qed.
```

一方，独自に証明した補題 `transitive_Sub` を用いるなら次のように示せます．

```
215
216 Lemma transitive_Sub'' (pA pB pC : pred M):
217   \{ x in pA \} ⊂ \{ x in pB \}
218   -> \{ x in pB \} ⊂ \{ x in pC \}
219   -> \{ x in pA \} ⊂ \{ x in pC \}.
220 Proof. by apply: transitive_Sub. Qed.
221 End fintype を用いた有限集合.
```

5.6 ライブラリ finset

この節では，ここまで行った集合の形式化から離れて，MathComp が提供する有限集合のライブラリを紹介します．

ライブラリ群 MathComp 内には有限集合を扱うライブラリ finset があります．Windows バイナリ版のデフォルト設定でインストールしていれば，ファイルの位置は C:￥Coq￥lib￥user-contrib￥mathcomp￥ssreflect￥finset.v となります．ここでは細かい説明を省き，使い方の簡単な例を紹介します．

表 5.1 は finset が提供する定義の一部です．ライブラリ finset は型 finType をもつ要素 T に対し，T を台とする有限集合の型を {set T} として提供します．たとえば A : {set T} と x : T に対して，記法 x \in A で属することを表します．

表 5.1 finset による有限集合の記号と定義

数学の記法	MathComp の記法	定義
属関係	x \in A	4.1 節
属さない	x \notin A	4.1 節
母集合	[set: T] または setT	[set x : T | true]
空集合 $\emptyset$	set0	[set x : T | false]
一元集合 $\{a\}$	[set a] または set1 a	[set x | x == a]
和集合 $A \cup B$	A :|: B または setU A B	[set x | (x \in A) || (x \in B)]
和集合 $\{x\} \cup A$	x |: A	[set a] :|: A
積集合 $A \cap B$	A :&: B または setI A B	[set x in A | x \in B]
差集合 $A \backslash B$	A :\: B または setD A B	[set x | x \notin B & x \in A]
差集合 $A \backslash \{b\}$	A :\ b	A :\: [set a]
補集合 $\bar{A}$	~: A または setC A	[set x | x \notin A]
像 $f(A)$	f @: A	imset f (mem A) (imsetP 補題)
部分集合 $A \subseteq B$	A \subset B	4.5 節
真部分集合 $A \subset B$	A \proper B	4.5 節
濃度 $\|A\|$	#|A|	4.5 節

続いてライブラリ finset で提供される補題を四つ紹介します．それらは setP，in_setU, in_setI, inE です．その後，これらを用いてド・モルガンの法則を証明します．補題 setP の型は

```
forall (T : finType) (A B : {set T}), A =i B <-> A = B
```

です．つまり，写像 T -> bool としての等号 =i と集合としての等号 = を書き換える言明です．

補題 in_setU の型は

```
forall (T : finType) (x : T) (A B : {set T}), (x \in A :|: B) =
(x \in A) || (x \in B)
```

です．和集合の記号 :|: とブール演算 || を書き換える言明です．同様に，補題 in_setI の型は

```
forall (T : finType) (x : T) (A B : {set T}), (x \in A :&: B) =
(x \in A) && (x \in B)
```

です．積集合の記号 :&: とブール演算 && を書き換える言明です．

最後の補題 inE の型は複雑なため省略しますが，その意味は先の in_setU や in_setI を適宜選択して適用するということです．

ではド・モルガンの法則を証明してみましょう．

```
222
223 Section ライブラリ finset の利用．
224 From mathcomp
225   Require Import finset.
226
227 Variable M : finType.
228 Lemma demorgan (A B C : {set M}) :
229     (A :&: B) :|: C = (A :|: C) :&: (B :|: C).
230 Proof. by apply/setP => x; rewrite !inE -orb_andl. Qed.
231 End ライブラリ finset の利用．
```

ちなみに補題 orb_andl はライブラリ ssrbool で提供されている補題で，その型は

```
left_distributive orb andb
```

です．

▶ 第 5 章　演習問題

問 5.1　積集合，差集合，逆写像を形式化せよ．

問 5.2　集合 A, B と写像 $f : A \to B$，および部分集合 $A_1 \subset A$ に対して，$f(A) \setminus f(A_1) \subset f(A \setminus A_1)$ であることを形式化せよ．

問 5.3　集合 A, B と写像 $f : A \to B$，および部分集合 $B_1, B_2 \subset B$ に対して，$B_1 \subset B_2$ ならば $f^{-1}(B_1) \subset f^{-1}(B_2)$ であることを形式化せよ．

問 5.4　mySet に対して，同値関係，同値類，分割を形式化せよ．

問 5.5　母集合を有限集合と限定せずに，有限集合を形式化せよ．

問 5.6　有限集合 A, B に対し，A の濃度を a，集合 B の濃度を b，積集合 $A \cap B$ の濃度を c とする．このとき，$A \cup B$ の濃度は $a + b - c$ であることを形式化せよ．

6

代数学の形式化

　本章では，MathComp のライブラリを使って代数学の形式化を進めていきます．専門的な数学の形式化に慣れれば，代数学に限らず，特定の分野に特化した独自ライブラリを開発できるようになるでしょう．

第 6 章 ▶ 代数学の形式化

本章では二つのテーマの形式化を通じて，代数学の基本的な対象である群の扱い方を学んでいきます．テーマの一つは「整数がその加法で可換群となること」，もう一つは「ラグランジュの定理」です．前者では，型のもつヒエラルキー構造を解説します．後者では，ライブラリ MathComp が提供する群に関する補題の使い方を解説します．

6.1 テーマ 1：整数がその加法で可換群になること

6.1.1 穴埋め問題形式で

テーマは「整数がその加法で可換群になること」です．整数やその加法の定義は Coq の標準ライブラリで提供されています．そして可換群の定義はライブラリ MathComp で提供されています．本節ではこれらの定義を活用します．具体的に言うと，Coq で整数を表す型は Z 型，加法は加法 Zplus です．そして，MathComp で可換群を表す型は zmodType 型です．

もともと Z 型は Set 型に属しています．型 Z と加法 Zplus の性質を証明していくことで，型 zmodType にも属することを示していきます．具体的な道筋を，本節では穴埋め形式の問題として提示してみました．次のスクリプト内の各空欄【】を埋めることで可換群であることの形式化が完成します．●は解答例の長さを表します．一つなら 1 文字から 10 文字程度，二つなら 11 文字から 20 文字程度を意味します．問題の後に，解説を述べていきます．まずは，スクリプト 6.1 をざっと眺めてみてください．

スクリプト 6.1　整数がその加法で可換群になることの形式化

```
1  From mathcomp
2   Require Import ssreflect ssrfun ssrbool eqtype ssrnat seq
3   choice fintype ssralg.
4  Require Import ZArith.
5
6  Set Implicit Arguments.
7  Unset Strict Implicit.
8  Import Prenex Implicits.
9
10 Section ZtoRing.
11
12 Lemma Zeq_boolP : Equality.axiom Zeq_bool.
13 Proof.
14 move => x y.
15 by apply: (iffP idP); rewrite 【問1：●●】.
16 Qed.
17
18 Definition Z_eqMixin := EqMixin Zeq_boolP.
```

6.1 テーマ1：整数がその加法で可換群になること

```
19 Canonical Z_eqType := Eval hnf in EqType _ Z_eqMixin.
20
21 Definition Z_pickle (z : Z) : nat :=
22   if ( 【問2：●】 )%Z then 【問3：●●】
23                      else (Z.abs_nat (- z)).*2.+1.
24
25 Definition Z_unpickle (n : nat) : option Z :=
26   if 【問4：●】 then Some (- (Z.of_nat n.-1./2))%Z
27                else Some (Z.of_nat n./2).
28
29 Lemma Z_pickleK : pcancel Z_pickle Z_unpickle.
30 Proof.
31 move=> z; rewrite /Z_pickle.
32 case: ifP => z0;
33 rewrite /Z_unpickle /= odd_double (half_bit_double _ 【問5：●】)
34   Zabs2Nat.id_abs Z.abs_eq ?Z.opp_nonneg_nonpos
35   ?Z.opp_involutive //.
36 +by apply: Zle_bool_imp_le.
37 +move/Z.leb_nle : z0.
38   by move/Znot_le_gt /Z.gt_lt /Z.lt_le_incl.
39 Qed.
40
41 Definition Z_countMixin := Countable.Mixin Z_pickleK.
42 Definition Z_choiceMixin := CountChoiceMixin Z_countMixin.
43 Canonical Z_choiceType := Eval hnf in ChoiceType Z Z_choiceMixin.
44
45 Definition Z_zmodMixin :=
46      ZmodMixin Z.add_assoc Z.add_comm Z.add_0_l Z.add_opp_diag_l.
47 Canonical Z_zmodType := Eval hnf in ZmodType _ Z_zmodMixin.
48
49 End ZtoRing.
```

6.1.2 型のヒエラルキー

本節のテーマである「整数がその加法で可換群になること」を Coq/SSReflect/MathComp で形式化するために，まずは型 Z とその加法 Zplus が型 zmodType の属性を有していることを示していきます。

先ほど穴埋め問題にしたスクリプト 6.1 では，いくつかの型を経由しながら，型 zmodType にたどり着きます．具体的には「Set」⇒「eqType」(⇒「countType」)[1]

---

[1] 直前の説明と図 6.1 を見ると，型 eqType から型 choiceType を構成するほうが自然な流れに見えます．ですが，今回のスクリプトでは型 countType を経由しています．後でも述べますが，直接に型 choiceType を構成するよりも，その特殊化と言える型 countType を構成するほうが簡単にできるのです．形式化のテクニックと考えるとよいでしょう．

⇒「choiceType」⇒「zmodType」という流れです．

このように Coq，SSReflect，MathComp などのライブラリ群では，他の型を利用して別の型が構成されていきます．つまり，ヒエラルキー構造（積み重ねの構造）が見られます．図 6.1 はその一部を表しています．上にあるほど一般的な型であり，下に行くほど条件等の課された特殊化された型であると言えます．型を変えられるように，型から型への関数が用意されています．ライブラリそのもの，もしあればライブラリの説明書等を読んで，型と型の関係を把握しておくとよいでしょう．

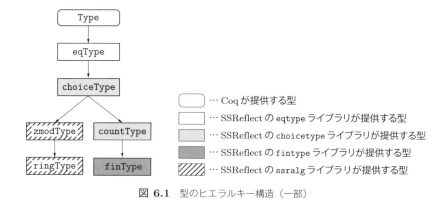

図 6.1 型のヒエラルキー構造（一部）

本節で活躍するのはコマンド Canonical です(→ 3.15.2 項)．具体的な使用例は，穴埋めスクリプトの 45〜47 行目が参考になるでしょう．

```
45 Definition Z_zmodMixin :=
46     ZmodMixin Z.add_assoc Z.add_comm Z.add_0_l Z.add_opp_diag_l.
47 Canonical Z_zmodType := Eval hnf in ZmodType _ Z_zmodMixin.
```

この 2 行は本節のクライマックスである「choiceType」から「zmodType」を与えるところです．

46 行目中の ZmodMixin は次の型をもつ関数です．

```
ZmodMixin
  : forall (V : Type) (zero : V) (opp : V -> V) (add : V -> V -> V),
    associative add -> commutative add -> left_id zero add ->
    left_inverse zero opp add
    -> GRing.Zmodule.mixin_of V
```

引数として associative add（演算の結合法則の証明），commutative add（演算の可換性），left_id zero add（加法の左単位元の存在性），left_inverse zero opp add（加法の左逆元の存在性）の証明を順に与えると GRing.Zmodule.mixin_of V 型の要素を返します．ここでは引数としてそれら四つの性質の証明 Z.add_assoc Z.add_comm

Z.add_0_l Z.add_opp_diag_l を与え，その出力を Z_zmodMixin と名づけています．

一方，47 行目にてついに，コマンド Canonical により型 Z が zmodType としての属性をもてるようになります．ここでの用法

```
Canonical XXX := Eval hnf in YYY.
```

は定石として覚えておくことをおすすめします．ここでの XXX は，YYY で指定する型の属性を満たすことを名づけたものと考えればよいでしょう．そして，YYY はそのための証明と考えればよいでしょう．いま YYY に相当するのは ZmodType _ Z_zmodMixin です．これは

```
Notation ZmodType T m := (GRing.Zmodule.pack m id)
```

ただし，

```
GRing.Zmodule.pack
    : forall T : Type, GRing.Zmodule.mixin_of T ->
      forall (bT : choiceType) (b : Choice.class_of T),
      phant_id (Choice.class bT) b
      -> zmodType
```

という型をもちます．平たく言うと ZmodType に第一引数「V : choiceType」，第二引数「GRing.Zmodule.mixin_of V の要素」を与えると，V を zmodType 型として扱えるようになります．ただし Z の型はあくまで Set のままです．出力である Z_zmodType が zmodType 型に属します．

6.1.3 準備

あらためて，スクリプト 6.1 を上から見ていきましょう．まず SSReflect, MathComp, Coq の標準ライブラリのうち，代数や整数に関連するものを Require Import します．Coq の整数は Z 型として Coq の標準ライブラリ ZArith で定義されています．ちなみに問題と解答例で用いている関数等は次のライブラリで定義されています．

- Coq の標準ライブラリの Coq.Init, Coq.ZArith
- MathComp のファイル ssralg.v, choice.v, eqtype.v, ssrbool.v, ssrfun.v, ssrnat.v

これらのライブラリでどのような関数が定義・構成されているかある程度把握しておくと，形式化がスムーズに進むと思います．

Z 型の定義は

```
Inductive Z : Set :=
    Z0 : Z
```

```
| Zpos : positive -> Z
| Zneg : positive -> Z
```

です．positive 型を用いて定義されています．

6.1.4 Set から eqType

Z の型をコマンド Check で調べると Set であることが確かめられます．Set はかなり一般的な型で，Type とほぼ同様に扱えます．Z に eqType の属性をもたせるのが，スクリプトの 18, 19 行目です．

```
18 Definition Z_eqMixin := EqMixin Zeq_boolP.
19 Canonical Z_eqType := Eval hnf in EqType _ Z_eqMixin.
```

18 行目の EqMixin の型を確認しましょう．

```
EqMixin
    : forall (T : Type) (op : rel T),
      Equality.axiom op -> Equality.mixin_of T
```

よって EqMixin の引数は，「T としての型 Z」，「op としての Z の同値関係」[1]，そして「Equality.axiom を満たすことの証明」の三つになります．第 3 引数 (証明) は 12〜16 行目で構成し，Zeq_boolP と名づけています．ちなみに同値関係として Zeq_bool を用いています．

続いて 19 行目を見ましょう．EqType は次の意味の記法です．

```
Notation EqType T m := (Equality.pack m)
```

Equality.pack の型を見ると

```
Equality.pack
    : forall T : Type, Equality.mixin_of T -> eqType
```

となっています．ですから，18 行目で名づけた Z_eqMixin により，Z は Zeq_bool により eqType の属性をもつと主張できるようになりました．

さて，Equality.axiom の証明である 12〜16 行目には穴埋め問題があります．実際に CoqIDE などで動作を確認しながら解いてみてください．ヒントを少し書いておきます．

15 行目の apply: (iffP idP) によってサブゴールが二つに分岐します．どのように分岐しているかは，15 行目を apply: (iffP idP). に置き換えることで確認できます．後は Search コマンドを利用して適当な補題を探して利用してみましょう．ち

---

[1] ここでの同値関係の型は Z -> Z -> bool であることに注意しましょう．

なみに 15 行目の rewrite は move/でもかまいません.

6.1.5 eqType から countType を経由して choiceType

型 Z が型 choiceType としての属性をもつことは，41～43 行目で示しています．

```
41 Definition Z_countMixin := Countable.Mixin Z_pickleK.
42 Definition Z_choiceMixin := CountChoiceMixin Z_countMixin.
43 Canonical Z_choiceType := Eval hnf in ChoiceType _ Z_choiceMixin.
```

最後の 43 行目から 41 行目へと遡って読み解いていきましょう．ここでは型 choiceType としての属性をもつ証明を Z_choiceType と名づけ，関数 ChoiceType を使っています．関数 ChoiceType は

```
Notation ChoiceType T m := (Choice.pack m id)
```

です．つまり，Choice.pack の記法です．そしてその型は

```
Choice.pack
    : forall T : Type,
      choiceMixin T ->
      forall (b : Equality.mixin_of T) (bT : eqType),
      phant_id (Equality.class bT) b -> choiceType
```

です．この引数となる choiceMixin Z 型の要素を 42 行目で構成し，Z_choiceMixin と名づけています．

```
42 Definition Z_choiceMixin := CountChoiceMixin Z_countMixin.
```

ここで用いられている関数 CountChoiceMixin の型は

```
CountChoiceMixin
    : forall T : Type,
      Countable.mixin_of T -> choiceMixin T
```

です．ですから，42 行目で CountChoiceMixin に引数として与えた Z_countMixin の型が Countable.mixin_of Z ということになります．この Z_countMixin を 41 行目で構成しています．

```
41 Definition Z_countMixin := Countable.Mixin Z_pickleK.
```

ここの関数 Countable.Mixin の型は

```
CountMixin
    : forall (T : Type) (pickle : T -> nat)
        (unpickle : nat -> option T),
      pcancel pickle unpickle -> Countable.mixin_of T
```

です．この pcancel pickle unpickle は，「forall x, pickle unpickle x = Some x」を表します．Some およびすぐ下にある option が何かは後で述べることにし，数学的な意味は「ある写像 pickle: $T \to \mathbb{N}$ とある写像 unpickle: $\mathbb{N} \to$ option T が存在し，それらの合成写像 pickle unpickle が $\forall x, (\text{pickle unpickle}) x =$ Some x を満たす」です．これが真であれば，「T は可算集合（濃度が高々可算）であるの証明を構成できる」，Coq で言えば「Countable.mixin_of Z の要素を構成できる」というのが CountMixin の意味です．

では，説明を飛ばした Some と option について簡単に述べます．

option 型は帰納的に定義される型であり，その定義は

```
Inductive
option (A : Type) : Type :=
    Some : A -> option A
  | None : option A
```

です．ですから，option Z の要素は Some x（ただし x : Z）もしくは None の 2 種類です．感覚的には x : Z に対応する Some x : option Z，もしくは Z のどの要素にも対応しない None : option Z と言えば伝わるでしょうか．

そこで引数として次の型

```
forall (T : Type) (pickle : T -> nat)
       (unpickle : nat -> option T),
    pcancel pickle unpickle
```

をもつものを Z_pickleK という名前で 21〜39 行目で構成しています．とくに，関数 pickle, unpickle に相当する関数 Z_pickle, Z_unpickle も自作していることを注意しておきます．

自作した関数 Z_pickle のアイデアを数学的に表すと

$$\text{Z\_pickle}(z) := \begin{cases} |z| * 2 & z \text{ が非負のとき} \\ |-z| * 2 + 1 & \text{それ以外} \end{cases}$$

となります．同様に，関数 Z_unpickle のアイデアを数学的に表すと

$$\text{Z\_unpickle}(z) := \begin{cases} \text{Some } -(z-1)/2 & z \text{ が奇数のとき} \\ \text{Some } n/2 & \text{それ以外} \end{cases}$$

となります．これらの合成写像 Z_unpickle Z_pickle によって言明 pcancel が満たされることは，入力する整数が非負であるか否かの場合分け，各関数の定義，および，加減乗除を用いて証明できます．読者は（形式化ではなく）紙上で証明をしてみ

てください．

これらのアイデアを形式化したものが，それぞれ21～23行目と25～27行目です．ですから穴埋め問題の問2の答えは「zが非負のとき」を形式化したものです．問3の答えは「|z|*2」を形式化したものです．そして問4の答えは「zが奇数のとき」を形式したものです．

29～39行目でのZ_pickleKの構成は，読者自身で読み進めてください．

6.1.6　choiceTypeからzmodType

ついに型zmodTypeの属性をもつことを示します．45～47行目で何をしているかは，すでに解説したとおりです．46行目にある四つの引数Z.add_assoc，Z.add_comm，Z.add_0_l，そしてZ.add_opp_diag_lはスクリプト6.1の冒頭で読み込んだCoqのライブラリZArithが提供するものです．

以上で，Coqの整数がその加法で可換群であることを形式化できました．

6.1.7　おまけ

Z型に対して加法群の補題を使えるようになりました．たとえば，下のスクリプトは加法群に関する補題を使ってforall x : Z, x *+ 2 = (2 * x)%Zを証明しています．

```
Open Scope ring_scope.
Goal forall x : Z, x *+ 2 = (2 * x)%Z.
Proof.
case => // x; rewrite GRing.mulr2n Z.mul_comm.
 by rewrite -(Zred_factor1 (Z.pos x)).
 by rewrite -(Zred_factor1 (Z.neg x)).
Qed.
```

ここで使われている補題GRing.mulr2nの型は

```
GRing.mulr2n
    : forall (V : zmodType) (x : V),
      x *+ 2 = x + x
```

ですから，ZがzmodType型として扱われています．一方，同じ行の補題Z.mult_commは

```
Z.mul_comm
    : forall n m : Z,
      (n * m)%Z = (m * n)%Z
```

ですから，ZがZ型として扱われています．

このように，異なる型の補題も利用できるようになりました．

6.1.8 スクリプト 6.1 の穴埋めの解答例

問 1　`Zeq_is_eq_bool`
問 2　`0 <=? z`
問 3　`(Z.abs_nat z).*2`
問 4　`odd n`
問 5　`false`

6.2　テーマ2：有限群とラグランジュの定理

本節では MathComp を用いた有限群の扱い方を述べていきます．目標は，ラグランジュの定理の形式化です．ラグランジュの定理とは次の言明です．

> **定理**　G を有限群，H を G の部分群とする．このとき，
> $$|G| = |H| \cdot (G:H).$$
> とくに $|H|$ は $|G|$ を割り切る．ただし，$|A|$ は集合 A の濃度を，$(G:H)$ は H による G の右剰余類の個数[1]を表す．　□

以降，「MathComp による有限群の型と補題」→「部分群の性質の形式化」→「剰余類の性質の形式化」→「ラグランジュの定理の形式化」という流れで解説していきます．

また，次のスクリプトに沿って解説します．

スクリプト 6.2　ラグランジュの定理の形式化

```
1 From mathcomp
2  Require Import ssreflect ssrbool ssrfun ssrnat fintype bigop
       finset fingroup.
3
4 Section Lagrange.
5
6 Open Scope group_scope.
7
8 Variable gT : finGroupType.
9 Variable G  : {group gT}.
10
11 Variable H  : {group gT}.
12 Hypothesis HG : H \subset G.
13
14 Definition R := [rel x y | x * y^-1 \in H].
```

---

[1]　指数とよばれます．

```
Lemma equiv_rel_R : equivalence_rel R.
Proof.
rewrite /equivalence_rel => x y z /=.
apply: pair.
-by rewrite 【問1：●】 group1.
-move=> xRinvy.
 apply/ idP / idP.
 +move/ (groupM (groupVr xRinvy)).
   by rewrite 【問2：●】 invgK 【問3：●】 -(mulgA y) mulVg mulg1.
 +move/ (groupM xRinvy).
   by rewrite 【問3：●】 -(mulgA x) mulVg mulg1.
Qed.

Lemma myCard_rcoset (A : {set gT}):
 A \in rcosets H G -> #|A| = #|H|.
Proof.
case/ rcosetsP => a ainG ->.
by apply: card_rcoset.
Qed.

Lemma coset_equiv_class (x : gT) (xinG : x \in G):
   H :* x = [set y in G | R x y].
Proof.
apply/ setP => /= y; rewrite inE.
apply/ idP / idP.
-case/ rcosetP => z zinH -> {y}.
  apply/ andP; apply: conj.
  +rewrite 【問4：●】 //.
   move/ subsetP: HG => HG'.
   by move: (HG' _ zinH).
  +by rewrite 【問5：●】【問6：●】【問7：●】【問8：●】【問9：●】.
-case/ andP => yinG xinvyinH.
  apply/ rcosetP; apply: (ex_intro2 _ _ (y * x^-1)).
  +by rewrite 【問10：●●】.
  +by rewrite 【問11：●●】.
Qed.

Lemma rcosets_equiv_part : rcosets H G = equivalence_partition
    R G.
Proof.
apply/ setP => /= X; rewrite /rcosets /equivalence_partition.
apply/ idP / idP.
-case/ rcosetsP => x0 x0inG X_Hx.
  apply/ imsetP; apply: (ex_intro2 _ _ x0).
  +by [].
```

```
60     +by rewrite   【問12：●】．
61     -case/ imsetP=> x1 xinG Hypo.
62     apply/ imsetP; apply: (ex_intro2 _ _  【問13：●】).
63     +by [].
64     +by rewrite rcosetE   【問14：●●】．
65     Qed.
66
67   Lemma partition_rcosets : partition (rcosets H G) G.
68   Proof.
69     rewrite rcosets_equiv_part.
70     apply/ equivalence_partitionP => x y z xinG yinG zinG.
71     by apply: equiv_rel_R.
72   Qed.
73
74   Theorem myLagrange : #|G| = (#|H| * #|G : H|)%nat.
75   Proof.
76     rewrite (card_partition   【問15：●●】).
77     rewrite ((eq_bigr (fun _ => #|H|))   【問16：●●】).
78     by rewrite   【問17：●】   【問18：●●】．
79   Qed.
```

最初の2行で，SSReflect のインポート，MathComp の有限群ライブラリのインポートを行っています．6行目の Open Scope は記法を設定する命令です．有限群に関する記法は group_scope と名づけられ，まとめられています．群と自然数には，乗法とよばれる概念があります．これらの記法に同じ記号「*」を用いたときに，混乱が生じる可能性があります．そこで，現在どの記法を優先して用いるかを宣言するのが，Open Scope です．以降のスクリプトで「*」が登場した際に，自動的に有限群の乗法として扱われることに注意してみてください．

6.2.1　MathComp による有限群の型と補題

最初に「G を有限群とする」を MathComp を用いて宣言する方法を述べます．MathComp では 8，9 行目のように表します．

```
8   Variable gT : finGroupType.
9   Variable G  : {group gT}.
```

MathComp のライブラリ fingroup では有限群の型は {group XXX} として扱われます．XXX には型 finGroupType の要素を指定します[1]．このように宣言する方法は MathComp 独特の書き方ですので，暗記してしまうのがよいでしょう．

一般的な代数学の教科書では，群 G の演算「*」は写像 $G \times G \to G$ として定義され

---

[1] MathComp ではコンテナとよばれます．

ますが，MathComp では異なるため注意が必要です．演算の台集合として [set: gT] があり，G はその部分集合として扱われます．実際，言明 G \subset [set: gT] が by []. で証明できます．

fingroup は有限群の基本的な仮定や補題を提供します．たとえば，二項演算，単位元，逆元の定義や記法などです．G : {group gT} に対して，二項演算には「*」，単位元には「1」，要素「g : G」の逆元には「g^-1」といった記法が提供されます．先ほど注意したように，「*」と「1」は nat 型の「乗法」と「S 0」とそれぞれ記法が同じです．基本的には Coq が型を推論しようと試みますが，一意に定まらない場合もあります．そのような場合，記法を明記して定めることもできます．たとえば，%nat と書くことで自然数の記法であること（例：74 行目）を指定しています．

二項演算，単位元，逆元が満たす性質として，「forall x y z, x * (y * z) = x * y * z」「forall x, 1 * x = x」「forall x, x * 1 = x」「forall x, x * x^-1 = 1」「forall x, x^-1 * x = 1」などがあります．これらの性質を含め，いくつかの補題名を表 6.1 に挙げています．

補足 ▶ MathComp での群の定義における逆元の要件が，一般的な代数学のテキストに書かれているものと異なることを注意しておきます．MathComp では「^-1」を gT -> gT という関数として定義しています．その上で，関数およびその像が性質「forall x, x * x^-1 = 1」「forall x, x^-1 * x = 1」を満たすと定めています．このように定義するほうが逆元の存在性として exists を扱うよりも形式化が簡便になります．

表 6.1 有限群に関する補題例

補題名	言明
mul1g	1 * x = x
mulg1	x * 1 = x
mulgA	x * (y * z) = x * y * z
mulgV	x * x^-1 = 1
mulVg	x^-1 * x = 1
invgK	x^-1^-1 = x
invMg	(x * y)^-1 = y^-1 * x^-1
group1	1 \in G
groupV	(x^1 \in G) = (x \in G)
groupM	x \in G -> y \in G -> x * y \in G

6.2.2　部分群の性質の形式化

今度は「H を群 G の部分群とする」の形式化を解説します．スクリプト 6.2 の 11, 12 行目をご覧ください．

```
11 Variables H : {group gT}.
12 Hypothesis HG : H \subset G.
```

最初の行で「H を有限群とする」を表し，続く行で「H は G の部分集合であると仮定する」を表しています．これも一般的な部分群の定義と異なりますが，先ほど述べた G の演算に関する注意から，部分群をこのように扱うことが自然に感じられると思います．

一方で気をつけたいのは，H と G の型が同じ {group gT} だということです．もし他の hT : finGroupType を用いて H : {group hT} とした場合，H \subset G. を仮定できません．

それでは部分群に関してよく知られる次の言明を形式化しましょう．

> **定理**　G を群，H をその部分群とする．G 上の二項関係 $\sim_H$ を次で定める．
> $$x \sim_H y \iff xy^{-1} \in H \ (x, y \in G)$$
> このとき，$\sim_H$ は同値関係である．　□

MathComp での二項関係に関する定義と補題はライブラリ ssrbool にありました（→ 4.1 節）．復習もかねつつ，新しい話題も含めて見ていきます．T 型上の二項関係の型は rel T 型と書きました．rel T はブール関数 T -> T -> bool として定義されていました．二項関係を定義する記法として [rel x y | ...] という書き方ができます．たとえば，上記の二項関係 $x \cdot y^{-1} \in H$ は次のように記述できます．

```
14 Definition R := [rel x y | x * y^-1 \in H].
```

二項関係 R : rel T が同値関係であることを形式化したものが 16 行目です．

```
16 Lemma equiv_rel_R : equivalence_rel R.
```

ここで，equivalence_rel はライブラリ ssrbool で次のように定義されています．

```
Definition equivalence_rel :=
  forall x y z, R z z * (R x y -> R x z = R y z).
```

ただし，equivalence_rel の「*」は自然数の掛け算でも，有限群の二項演算でもありません．prod 型のペアを表す記法です．

この「equivalence_rel R」と，「関係 R が同値関係」は同値な言明となっていま

6.2 テーマ2：有限群とラグランジュの定理

す．同値であることは読者自身で確かめてみてください．章末の演習問題としておきます（→**問 6.2**）．

16 行目で定めた補題 equiv_rel_R の証明は 17〜27 行目に相当します．最初の 2 行で，equivalence_rel の定義を紐解き，コンテキストとサブゴールを整理しています．

```
17  Proof.
18  rewrite /equivalence_rel => x y z /=.
```

ゴールエリアには

```
1 subgoal
gT : finGroupType
G, H : {group gT}
HG : H \subset G
x, y, z : gT
_____(1/1)
(z * z^-1 \in H) *
(x * y^-1 \in H -> (x * z^-1 \in H) = (y * z^-1 \in H))
```

と表示されます．このサブゴールの * (prod) は，Prop 型の and に似た定義をもつ関数です．and の構成子が conj であったように，prod の構成子は pair です．そこで，19 行目で

```
19  apply: pair.
```

とし，サブゴールを二つに分けます．

分かれた一つ目のサブゴールは

```
z * z^-1 \in H
```

です．これを証明するには表 6.1 にある補題を二つ使えば十分です．ここではそのうちの一つとして group1 を選びました．ですから 20 行目

```
20  -by rewrite 【問1：●】 group1.
```

の問 1 を埋めれば，一つ目のサブゴールが証明できます．

次のサブゴールは

```
x * y^-1 \in H -> (x * z^-1 \in H) = (y * z^-1 \in H)
```

です．まずは 21 行目でトップをコンテキストに移動します．

```
21  -move=> xRinvy.
```

サブゴールは (x * z^-1 \in H) = (y * z^-1 \in H) になります．このような場合に，常套手段があります．それは

```
22   apply/ idP / idP.
```

です．こうすると，A = B が二つのサブゴール A -> B と B -> A に分かれます．ただし，A B : bool のときです．

では分かれた最初のサブゴール x * z^-1 \in H -> y * z^-1 \in H を，表 6.1 を参考に読者自身で証明してみてください．

```
23    +move/ (groupM (groupVr xRinvy)).
24      by rewrite 【問2：●】 invgK 【問3：●】 -(mulgA y) mulVg mulg1.
```

同様に残りのサブゴール y * z^-1 \in H -> x * z^-1 \in H も証明してみましょう．

```
25    +move/ (groupM xRinvy).
26      by rewrite 【問3：●】 -(mulgA x) mulVg mulg1.
27  Qed.
```

6.2.3 剰余類の性質の形式化

H を有限群 G の部分群とします．G の要素 g に対し，集合 $\{h \cdot g | h \in H\}$ のことを右剰余類と言います．この集合を Hg と書きます．

MathComp では，G と H による右剰余類全体からなる集合族を rcosets H G と記述します．

まずは次の定理を証明しましょう．

| **定理** どの右剰余類の濃度も H の濃度と等しい． □

まずは言明を形式化しましょう．29, 30 行目に相当します．

```
29  Lemma myCard_rcoset (A : {set gT}):
30    A \in rcosets H G -> #|A| = #|H|.
```

注意する点は，最初の行にある A の型を間違えないこと，次の行にある濃度の記号が #| | であることでしょうか．

証明は 31～34 行目です．

```
31  Proof.
32  case/ rcosetsP => a ainG ->.
33  by apply: card_rcoset.
34  Qed.
```

32 行目の最初の「case/ rcosetsP」は「move/ rcosetsP; case」の省略形です．タクティク move/ と補題 rcosetsP によりトップ A \in rcosets H G を変形します．するとサブゴールが

```
  forall x : gT, x \in G -> A = H :* x -> #|A| = #|H|
```

になります．そこで，左の二つを a と ainG と名づけてコンテキストに移動します．するとトップは A = H :* x になるので，このゴールをタクティカル -> によって変形します．これは rewrite に相当する変形です．ここで用いた補題 rcosetsP は読者自身で調べてみましょう．

続いて 33 行目にて，MathComp が提供するここでの目的にちょうどぴったりの補題 card_rcoset を適用すれば証明完了です．

スクリプトを実行するとわかりますが，補題 rcosetsP を用いたところで右剰余類の記述が H :* x に変わります．これは代表元を x : G としたときの記法です．一般的に，代数学の教科書等では Hx のように記述されます．

さて，別の定理を形式化しましょう．部分群 H を用いて定義した同値関係 R と H による右剰余類に関する言明です．

| **定理** $Hx = \{y \in G \mid xRy\}$.

36，37 行目がこの言明を形式化したものです．

```
36 Lemma coset_equiv_class (x : gT) (xinG : x \in G):
37   H :* x = [set y in G | R x y].
```

新たに出てきたのは右辺の記法です．これは SSReflect のライブラリ finset で提供されている方法です．上の定理としての記述方法に近く，便利なので覚えておくとよいでしょう．

この証明は 10 行以上あるため，要点を解説していきます．まず 39 行目の

```
39 apply/ setP => /= y; rewrite inE.
```

により，サブゴールを

```
(y \in H :* x) =
(y \in G) && (x * y^-1 \in H)
```

へと変形しました．こうすることで「元の所属」に問題を帰着しています．続いて先述（22 行目）の決まり文句 apply/ idP / idP．によって，サブゴールを二つに分けました．一つ目のサブゴール

```
y \in H :* x -> (y \in G) && (x * y^-1 \in H)
```

を示すために，41 行目の case/ rcosetP => z zinH -> {y}. によってコンテキストの y : gT を

```
z : gT
zinH : z \in H
```

に，サブゴールを

```
(z * x \in G) && (x * (z * x)^-1 \in H)
```

に変形しました．今度は && の二つの項を分けて証明するため，42 行目で

```
42    apply/ andP; apply: conj.
```

としています．後は MathComp を活用すれば

```
43    +rewrite 【問4：●】 //.
44    move/ subsetP: HG => HG'.
45    by move: (HG' _ zinH).
```

によってサブゴール $z * x \in G$ の証明が終わります．

次のサブゴール $x * (z * x)^{-1} \in H$ も MathComp を活用して証明しましょう．

```
46    +by rewrite 【問5：●】【問6：●】【問7：●】【問8：●】【問9：●】.
```

ここでは五つの補題を使っています．補題の選び方や順番は一意ではありません．自由にいろいろと試してみてください．

では残りのサブゴール $(y \in G) \&\& (x * y^{-1} \in H) \to y \in H :* x$ を証明しましょう．まずは 47 行目によってコンテキストに yinG, xinvinH を追加し，サブゴールを変形します．

```
yinG : y \in G
xinvyinH : x * y^-1 \in H
--------------------------------------(1/1)
y \in H :* x
```

そして 48 行目によってサブゴールを二つに分けます．

```
--------------------------------------(1/2)
y * x^-1 \in H
--------------------------------------(2/2)
y = y * x^-1 * x
```

ここまでくれば，MathComp を活用するだけです．最初のサブゴールは

```
49    +by rewrite 【問10：●●】.
```

によって，最後のサブゴールは

```
50    +by rewrite 【問11：●●】.
```

によって，それぞれ証明できます．引数である補題は複数必要であることを注意しておきます．

さて，右剰余類によって同値関係が得られたということは，それに対応する分割が得られます．この事実を Coq では次のように記述します．

```
53  Lemma rcosets_equiv_part : rcosets H G = equivalence_partition R G.
```

この equivalence_partition は SSReflect の finset で提供されている関数です．同値関係 R と G を与えると，集合 G の集合族が得られます．

証明では各集合族が互いを包含し合うことを示していきます．

```
54  Proof.
55  apply/ setP => /= X; rewrite /rcosets /equivalence_partition.
```

とすることで，サブゴールが

```
(X \in [set rcoset H x | x in G]) = (X \in [set [set y in G | R x
   y] | x in G])
```

に変わります．ここで X : {set gT} です．

続く 56 行目は決まり文句の

```
56  apply/ idP / idP.
```

です．これでゴールが二つに分かれます．

現在のサブゴールは

```
X \in [set rcoset H x | x in G] -> X \in [set [set y in G | R x y]
   | x in G]
```

です．そして 57 行目で右剰余類の代表元をコンテキストに加えます．コンテキストは

```
x0 : gT
x0inG : x0 \in G
X_Hx : X = H :* x0
```

となり，サブゴールは X \in [set [set y in G | R x y] | x in G] となります．

このサブゴールは集合族の言葉で書かれています．これを示すには X が集合族の要素の [set y in G | R x0 y] という形であることを示せばよいわけです．ただしこのように表せるには，その引数である x0 in G に相当するものがあることを示さなければなりません．つまり，二つのことを示すことになります．そのようなゴールに分けるのが 58 行目です．

```
58  apply/ imsetP; apply: (ex_intro2 _ _ x0).
```

これも決まり文句だと思って覚えておくと便利です．状況によって，最後の x0 をうまく選ぶのがコツです．

さてサブゴールに示すべき二つが現れました．最初のサブゴールは x0 \in G です．これは，コンテキストの x0inG : x0 \in G そのものですから 59 行目の by []．で証明できます．後者のサブゴールは X = [set y in G | R x0 y] です．これは先ほど構成した独自の補題で証明できます．

```
60    +by rewrite 【問12 : ●】.
```

残るサブゴールは，57行目で二つに分かれたうちの後者X \in [set [set y in G | R x y] x in G] -> X \in [set rcoset H x | x in G]です．こちらも先と同様に61, 62行目の

```
61    -case/ imsetP=> x1 xinG Hypo.
62    apply/ imsetP; apply: (ex_intro2 _ _ 【問13 : ●】).
```

によって二つに分かれます．

前者はコンテキストから明らかなため，by []．で証明できます．後者は X = rcoset H x1 です．右辺の rcoset は初登場の関数です．これまでの rcosets に似ているので間違えやすいかもしれません．rcoset による右剰余類の記述 rcoset H x1 は，補題 rcosetE を用いることでこれまでの記述 H :* x1 に書き直せます．そのように書き直せば，先ほど構成した独自の補題で証明できます．

```
64    +by rewrite rcosetE 【問14 : ●●】.
```

先ほど証明したrcosets_equiv_partを，形式化においてより使いやすい言明に変えておきます．人にとっては自明ですが，証明支援系にとっては必要な変形です．言明は次です．

```
67 Lemma partition_rcosets : partition (rcosets H G) G.
```

つまり「rcosets H G は G の分割を与える」ということです．先のrcosets_equiv_partと違う点は，「わざわざ同値関係に戻ることなく，右剰余類から分割が得られること」です．

先ほどの補題からすぐに証明できます．実際，68〜72行目が証明になっています．

```
68 Proof.
69   rewrite rcosets_equiv_part.
70   apply/ equivalence_partitionP => x y z xinG yinG zinG.
71   by apply: equiv_rel_R.
72 Qed.
```

6.2.4 ラグランジュの定理

ラグランジュの定理は MathComp のライブラリ fingroup で Lagrange という名前で提供されます．しかし，本節で証明してきた補題と SSReflect のライブラリを使えば，十分に形式化可能です．そこで，ここからラグランジュの定理の証明を次の流れで行いましょう．

$$|G| = \sum_{A \in \text{rcosets H G}} \#|A|$$
$$= \sum_{A \in \text{rcosets H G}} \#|H|$$
$$= |H|(G:H) \quad \square$$

最初の等式の証明には，MathComp のライブラリ finset で導入される補題 card_partition を利用します．この補題の型は

```
card_partition
    : forall (T : finType) (P : {set {set T}})
        (D : {set T}),
      partition P D -> #|D| = \sum_(A in P) #|A|
```

ですから，引数として右剰余類による分割を与えればよいことになります．その言明はすでに形式化しました．スクリプトでは 76 行目が対応しています．

二つ目の等式は，剰余類の濃度が $\#|H|$ に一致することから示せます．その言明も形式化済みです．スクリプトでは 77 行目が対応しています．

三つ目の等式の証明には，$\sum$ の性質を用います．SSReflect/MathComp のライブラリ bigop と ssrnat にちょうどよい補題が用意されています．スクリプトでは 78 行目が対応しています．定理の名前は myLagrange としました．

```
74 Theorem myLagrange : #|G| = (#|H| * #|G : H|)%nat.
75 Proof.
76 rewrite (card_partition 【問15：●●】).
77 rewrite ((eq_bigr (fun _ => #|H|)) 【問16：●●】).
78 by rewrite 【問17：●●】 【問18：●●】.
79 Qed.
```

6.2.5　スクリプト 6.2 の穴埋めの解答例

解答例は以下ですが，他の解答も考えられます．同じ解答でなくとも，目標とする言明の証明を形式化できれば問題ありません．

問 1   mulgV
問 2   invMg
問 3   mulgA
問 4   groupM
問 5   invMg
問 6   mulgA
問 7   mulgV
問 8   mul1g

問 9	groupV
問 10	-groupV invMg invgK
問 11	-mulgA mulVg mulg1
問 12	-coset_equiv_class
問 13	x1
問 14	coset_equiv_class
問 15	partition_rcosets
問 16	myCard_rcoset
問 17	big_const
問 18	itter_addn_0

▶第 6 章　演習問題

問 6.1　Coq の整数が環になることを証明せよ．ただし，乗法は Zmult とする（ヒント：6.1 節参照）．

問 6.2　「equivalence_rel R」と，「関係 R が同値関係」が同値であることを形式化し，証明せよ．

7

確率論と情報理論の形式化

　本章では，確率論や情報理論の形式化を行います．これらは，数学として面白いだけでなく，幅広い応用にもつながる分野です．また，Coq，SSReflect，MathComp には同封されていないライブラリも活用します．さらに，自分で形式化したファイルをインポートする方法も紹介します．これらの方法を身につければ，より本格的なライブラリを開発できるようになるでしょう．

7.1 確率論と情報理論のライブラリ Infotheo のインストール

Coq/SSReflect/MathComp で確率論や情報理論を扱う際に便利なライブラリが Infotheo です．このライブラリは

- 有限集合上の確率分布やその周辺概念の諸定義
- 期待値の線形性，大数の法則などの確率論の諸定理
- エントロピー，通信路などの情報理論の諸定義
- 情報源符号化定理，通信路符号化定理を含む諸定理

などを提供します．

Infotheo を入手するには，次のアドレスのウェブサイト「Formalization of Shannon's Theorem」へアクセスします．

https://staff.aist.go.jp/reynald.affeldt/shannon/

ウェブサイトにある **Archive** から Infotheo のソースファイルをダウンロードできます．Coq と MathComp のバージョンの組合せにより，利用できる Infotheo のバージョンが異なります．執筆時（2018 年 2 月）の Windows 版で利用できる Infotheo は **Older versions: 2016/02/02 archive for Coq 8.5 and MathComp 1.6** と書かれている箇所にあり，そのファイルは **infotheo20160202.zip** です．

ここでは Windows バイナリ版（Coq 8.5，MathComp1.6．Windows のバージョンは 10）を想定し，解説を続けます．infotheo20160202.zip をダウンロードしたら，zip ファイルを展開します．これは「右クリック⇒送る⇒圧縮（zip 形式）フォルダー」などで展開できます．展開したらフォルダ Infotheo が現れます．それをフォルダ C:¥Coq¥lib¥user-contrib に保存しましょう．

続いて，Windows PowerShell を起動して，ディレクトリを C:¥Coq¥lib¥user-contrib¥Infotheo に移動します．これは Windows PowerShell のプロンプトに

```
cd C:\Coq\lib\user-contrib\Infotheo
```

と入力することで実行できます．移動に成功すると，プロンプトが

```
PS C:\Coq\lib\user-contrib\Infotheo>
```

のような表示になります．移動したら，プロンプトから次の 2 行

```
coq_makefile -f MakeInfotheo_v1 -o Makefile
make -f Makefile
```

を入力します．成功すれば Coq が Infotheo をコンパイルする様子が表示されます．

インストールが成功したか確かめるには，CoqIDE で次のスクリプトを読み込みます．

```
From Infotheo
 Require Import f2.
```

これは Infotheo に含まれているライブラリ f2 を読み込む命令です．成功するとスクリプトの背景が緑色に変わります．SSReflect や MathComp のライブラリを読み込んだときと同様です．

7.2 確率論 —— 分布，期待値，分散

Infotheo を使って有限集合上の確率分布を扱う方法を，例を通じて紹介します．この例は，本書のこれまでの内容と比べると，かなり上級者向けになっています．そこで，すべてを理解しようとするのではなく，要点だけ押さえることをおすすめします．要点を押さえた後は，読者の興味に従って，カスタマイズをするとよいでしょう．例を扱っていくうちに，自然と理解が進むと思います．

次に紹介するスクリプトは，数学的には次のことを形式化しています．

- P を有限集合 $\{0, 1, 2\}$ 上の確率分布とする．
- 各事象の生起確率はそれぞれ $P(0) = 1/2, P(1) = 1/3, P(2) = 1/6$ である．
- X を分布 P に従う確率変数とし，$x \mapsto x + 1$ とする．
- 期待値は $\mathrm{E}[X] = 5/3$ である．
- 分散は $V(X) = 5/9$ である．

このスクリプトを参考にして，「サイコロの目の期待値は $7/2$ である」の形式化を試みるのもよいでしょう．

```
1  Require Import Reals Fourier.
2  From mathcomp
3   Require Import ssreflect ssrbool ssrfun eqtype
4                  ssrnat seq fintype bigop.
5  From Infotheo
6   Require Import Reals_ext Rssr Rbigop proba.
7
8  Set Implicit Arguments.
9  Unset Strict Implicit.
10 Import Prenex Implicits.
11
12 Local Open Scope reals_ext_scope.
```

```
13  Local Open Scope tuple_ext_scope.
14
15  Definition p : 'I_3 -> R :=
16    [fun x => 0 with inord 0 |-> 1/2,
17                     inord 1 |-> 1/3,
18                     inord 2 |-> 1/6].
19
20  CoInductive I3_spec : 'I_3 -> bool -> bool -> bool -> Prop :=
21  | I2_0 : I3_spec (inord 0) true false false
22  | I2_1 : I3_spec (inord 1) false true false
23  | I2_2 : I3_spec (inord 2) false false true.
24
25  Ltac I3_neq := rewrite (_ : _ == _ = false); last by
26                 apply/negbTE/negP => /eqP/(congr1 (@nat_of_ord 3));
27                 rewrite !inordK.
28
29  Lemma I3P i : I3_spec i
30                (i == inord 0) (i == inord 1) (i == inord 2).
31  Proof.
32  have : i \in map inord (iota 0 3).
33    apply/mapP.
34    apply: (ex_intro2 _ _ (nat_of_ord i)).
35      by rewrite mem_iota leq0n add0n ltn_ord.
36    by rewrite inord_val.
37  rewrite inE => /orP[/eqP ->|].
38    rewrite eqxx.
39    do 2 I3_neq.
40    by apply: I2_0.
41  rewrite inE => /orP[/eqP ->|].
42    rewrite eqxx.
43    do 2 I3_neq.
44    by apply: I2_1.
45  rewrite inE => /eqP ->.
46  rewrite eqxx.
47  do 2 I3_neq.
48  by apply: I2_2.
49  Qed.
50
51  Lemma p_nonneg (a : 'I_3) : 0 <= p a.
52  Proof.
53  case/I3P : a.
54  - rewrite /p /= eqxx; by fourier.
55  - rewrite /p /= ifF; last by I3_neq.
56    rewrite eqxx; by fourier.
57  - rewrite /p /=.
58    rewrite ifF; last by I3_neq.
```

```
59    rewrite ifF; last by I3_neq.
60    rewrite eqxx; by fourier.
61  Qed.
62
63  Definition p' : 'I_3 -> R+ := mkPosFun p_nonneg.
64
65  Ltac I3_eq := rewrite (_ : _ == _ = true); last by
66                apply/eqP/val_inj => /=; rewrite inordK.
67
68  Lemma p_sum1 : \rsum_(i in 'I_3) p' i = 1.
69  Proof.
70    do 3 rewrite big_ord_recl.
71    rewrite big_ord0 addR0 /=.
72    rewrite /p /=.
73    rewrite ifT; last by I3_eq.
74    rewrite ifF; last by I3_neq.
75    rewrite ifT; last by I3_eq.
76    rewrite ifF; last by I3_neq.
77    rewrite ifF; last by I3_neq.
78    rewrite ifT; last by I3_eq.
79    by field. (* 1 / 2 + (1 / 3 + 1 / 6) = 1 *)
80  Qed.
81
82  Local Open Scope proba_scope.
83
84  Definition P : {dist 'I_3} := mkDist p_sum1.
85
86  Definition X := mkRvar P (fun i => INR i.+1).
87
88  Lemma expected : 'E X = 5/3.
89  Proof.
90    rewrite /Ex_alt.
91    do 3 rewrite big_ord_recl.
92    rewrite big_ord0 addR0 /= mul1R {1}/p /=.
93    rewrite ifT; last by I3_eq.
94    rewrite (_ : INR _ = 2) //.
95    rewrite {1}/p /=.
96    rewrite ifF; last by I3_neq.
97    rewrite ifT; last by I3_eq.
98    rewrite (_ : INR _ = 3); last first.
99    rewrite S_INR.
100   rewrite (_ : INR _ = 2) // ; by field.
101   rewrite /p /=.
102   rewrite ifF; last by I3_neq.
103   rewrite ifF; last by I3_neq.
104   rewrite ifT; last by I3_eq.
```

```
105   by field. (* 1 / 2 + (2 * (1 / 3) + 3 * (1 / 6)) = 5 / 3 *)
106   Qed.
107
108   Lemma variance : 'V X = 5/9.
109   Proof.
110   rewrite V_alt expected /Ex_alt.
111   do 3 rewrite big_ord_recl.
112   rewrite big_ord0 addR0 /= !mul1R {1}/p /=.
113   rewrite ifT; last by I3_eq.
114   rewrite (_ : INR _ = 2) // mulR1.
115   rewrite /p /=.
116   rewrite ifF; last by I3_neq.
117   rewrite ifT; last by I3_eq.
118   rewrite (_ : INR _ = 3); last first.
119   rewrite S_INR (_ : INR _ = 2) //; by field.
120   rewrite ifF; last by I3_neq.
121   rewrite ifF; last by I3_neq.
122   rewrite ifT; last by I3_eq.
123   by field. (* 1 / 2 + (4 * (1 / 3) + 3 * (3 * 1) * (1 / 6))
124                         - 5 / 3 * (5 / 3 * 1) = 5 / 9 *)
125   Qed.
```

スクリプトを解説する前に，ライブラリ Infotheo における，分布の定義について述べておきます．分布は「1. 有限集合上の関数である．2. その関数の像は非負整数である．3. 像の和は 1 である」の 3 条件を満たすものとして定義されます．ですから，分布の形式化は「1. の関数そのもの，および，2. と 3. の証明」が集まったものと捉えられます．Infotheo でも，そのように定義しています．

さて，以下，スクリプトのおおまかな解説です．

- 1～6 行目は，必要なライブラリの読み込みです．Coq の標準ライブラリ，SSReflect と MathComp のライブラリ，Infotheo のライブラリを読み込んでいます．
- 8～10 行目は，推論の設定をしています．
- 12～13 行目は，記法の設定をしています．
- 15～18 行目は，集合 $\{0, 1, 2\}$ 上の関数を定義しています．この関数を p と名づけています．分布 P を定義するための，補助的な役割です．上で述べた定義で言う「1.」に相当します．値域の記号 R は実数集合を形式化したもので，Coq の標準ライブラリ Reals などで提供されています．ここで，この段階の p は像として負の値をとり得ることを注意しておいてください．

集合の要素 $0, 1, 2$ をそれぞれ inord 0, inord 1, inord 2 として形式化し

ています．そして，それぞれに対する関数の返り値を $1/2, 1/3, 1/6$ としています．この値が，定義したい分布 P での生起確率と対応しています．

- 20～23 行目は，集合 $\{0, 1, 2\}$ の要素に関する性質を形式化しています．本書で初めて登場するコマンド CoInductive があります．これは，余帰納的な定義をするための命令です．余帰納的の意味は，論理学のテキスト等を参照してください．
- 25～27 行目は，独自タクティク I3_neq を定義しています．ここでも初めて登場するコマンド Ltac があります．これはタクティクを定義するための命令です．
- 29～49 行目は，上で定義した I3_spec に関する補題を形式化しています．
- 51～61 行目は，関数 p の非負性を形式化しています．これは，上で述べた分布の定義で言う「2.」に相当します．
- 63 行目は，「1. と 2.」をまとめたものを，p' と名づけています．値域の R+ は非負の実数集合を形式化したものです．
- 65～66 行目は，独自タクティク I3_eq を定義しています．
- 68～80 行目は，関数 p' の性質を形式化しています．これは，上で述べた分布の定義で言う「3.」に相当します．

　　70 行目に，本書で解説されていないタクティカル do が登場しています[◆1]．このタクティカルは「do 整数 タクティク．」という書式で用います．意味は「与えた整数回分だけ与えたタクティクを繰り返す」です．

　　79 行目にも本書では初めて登場するタクティク field が登場しています．このタクティクは四則演算による数値計算を自動的に行う命令です．ここでは $1/2 + 1/3 + 1/6 = 1$ の証明を担っています．

- 82 行目は記法に関する設定です．Infotheo が提供する確率論の記法（期待値や分散など）を使えるようにしています．
- 84 行目は，分布 P を形式化しています．一見，分布の定義の 3. しか用いていないように見えますが，2. が（同時に 1. も）推論されています．
- 86 行目は，確率変数 X を形式化しています．Infotheo では確率変数は「1'. 分布」「2'. その分布と同じ定義域をもつ関数」として定義されています．ここでは「1'. として P」が，「2'. として 'I_3 の要素 i から，$i+1$ に対応する実数を与える関数」がそれぞれ引数として与えられています．
- 88～106 行目は，期待値に関する補題を形式化しています．
- 108～125 行目は，分散に関する補題を形式化しています．

[◆1] 実は，3.1 節のタクティカルの説明で記号だけ登場していました．

7.3 情報理論 —— 情報エントロピー，二元エントロピー関数

もともと，Infotheo は**情報理論**（とくにシャノンの定理）を形式化するために開発されました．シャノンは情報理論の父とよばれる偉大な科学者です．情報を定量化する方法を考案し，その応用を提示したり，理論限界を導出したりしました．現在，情報機器が便利に使えるのは，シャノンの功績が大きいと言えます．

情報理論では**情報エントロピー**とよばれる量が活躍します．その数学的定義は以下です．

> **定義：** $\mathcal{X}$ を有限集合，P を $\mathcal{X}$ 上の分布とする．分布 P の情報エントロピーとは，次の量 $H(P)$ である．
> $$H(P) := \sum_{x \in \mathcal{X}} -P(x) \log_2 P(x)$$
> ただし，$0 \log_2 0 := 0$ と定める．

次に紹介するスクリプトは，数学的には次のことを形式化しています．

- P を集合 $X = \{x_0, x_1\}$ 上の確率分布とする．
- $q := P(x_0)$ としたとき，$P(x_1) = 1 - q$ が従う．
- $0 \le q \le 1$ が従う．
- X 上の関数 f に対し，$\sum_{x \in X} f(x) = f(x_0) + f(x_1)$ が従う．
- $H(P) = h(q)$ が従う．ただし，$h()$ は**二元エントロピー関数**であり，その定義は
$$h(x) := -x \log_2 x - (1-x) \log_2 (1-x)$$
である $(0 \le x \le 1)$．

```
1  (* infotheo Extension for Capacities of Channels
2      (c) Chiba Univ. K. Nakano, M. Hagiwara.
3      GNU GPLv3. *)
4  Require Import Fourier.
5  From mathcomp
6  Require Import ssreflect ssrbool eqtype fintype bigop.
7  From Infotheo
8  Require Import Reals_ext ssr_ext Rssr proba entropy Rbigop
9                 log2 binary_entropy_function.
10
11 Set Implicit Arguments.
```

7.3 情報理論——情報エントロピー，二元エントロピー関数

```
12 Unset Strict Implicit.
13 Import Prenex Implicits.
14
15 Local Open Scope entropy_scope.
16
17 Section bin_inp_distr.
18
19 Variable X : finType.
20 Hypothesis card_X : #|X| = 2%nat.
21 Variable P : dist X.
22
23 Local Notation X0 := (Two_set.val0 card_X).
24 Local Notation X1 := (Two_set.val1 card_X).
25 Let q := P(X0).
26
27 Lemma  bin_inp_X1 : P(X1) = 1 - q.
28 Proof.
29 apply: (Rplus_eq_reg_l q); rewrite Rplus_minus.
30 by rewrite /q -(pmf1 P) /index_enum -enumT Two_set.enum
31         2!big_cons big_nil addR0 /=.
32 Qed.
33
34 Lemma q_01 : 0 <= q <= 1.
35 Proof.
36 apply: conj; first by rewrite /q; apply: Rle0f.
37 apply/Rminus_le.
38 apply: Ropp_le_cancel.
39 rewrite Ropp_0 Ropp_minus_distr' -bin_inp_X1.
40 by apply: Rle0f.
41 Qed.
42
43 Lemma bin_sum_expand (f : X -> R): \rsum_(x : X) f x = f X0 + f X1.
44 Proof. by rewrite /index_enum -enumT Two_set.enum
45         2!big_cons big_nil addR0 /=. Qed.
46
47 Lemma bin_inp_ent : 'H P = H2 q.
48 Proof. by rewrite /entropy bin_sum_expand -/q
49         bin_inp_X1 Ropp_plus_distr. Qed.
50
51 End bin_inp_distr.
```

このスクリプトは，筆者のウェブサイト http://manau.jp/research/infotheo/ の Infotheo の追加パッケージ **itEXT4CapOfChans** に含まれている．ファイル binary_input_distr.v です．このパッケージは，Infotheo をベースに「二元消失通信路の通信路容量」，「二元対称消失通信路の通信路容量」，「通信路の同型の概念」な

どを形式化したものです．Infotheo を活用する際に，参考になるファイルが複数まとめられています．

さて，以下，スクリプトのおおまかな解説です．

- 1〜3 行目は，著作権情報です．
- 4〜9 行目は，必要なライブラリの読み込みです．Coq の標準ライブラリ，SSReflect と MathComp のライブラリ，Infotheo のライブラリを読み込んでいます．
- 11〜13 行目は，推論の設定をしています．
- 15 行目は，記法の設定をしています．
- 17 行目は，セクション名を設定しています．
- 19〜21 行目は，二元からなる集合 X とその上の分布 P を定めています．この方法は，前節のスクリプトと異なるので読み比べてみるとよいでしょう．
- 23〜24 行目は，X を構成する二元の記法を x_0, x_1 と定めています．
- 25 行目は $P(x_0)$ の記法を q と定めています．
- 27〜32 行目は，$P(x_1) = 1 - q$ であることを形式化しています．
- 34〜41 行目は，$0 \leq q \leq 1$ であることを形式化しています．
- 43〜45 行目は，X 上の勝手な関数 f に対して $\sum f = f(x_0) + f(x_1)$ であることを形式化しています．
- 47〜49 行目は，$H(P) = h(q)$ であることを形式化しています．ここで，情報エントロピーの関数 $H()$ の記法は 'H であり，二元エントロピー関数 $h()$ の記法は H2 であることを注意しておきます．
- 51 行目は，セクションを閉じています．

ここで紹介したスクリプトは，使っているタクティクが少なく（apply:，apply/，rewrite のみ），読みやすいのではないでしょうか．Infotheo が基本的な形式化を済ませているおかげと言えます．

7.4 おまけ：自作ファイルのコンパイル

これまでにいろいろな形式化を行ってきました．最後に，自作したスクリプトをライブラリとして活用する方法を述べます．Windows PowerShell から「coqc -q コンパイルする.v ファイル」とします．コンパイルした際，「ファイル名.vo」というファイルができれば成功です．

このファイルで形式化した内容を読み込むには，その.vo ファイルのあるフォルダ

にて「Require Import ファイル名（.vo をつけない！）．」とします．

▶ 第 7 章　演習問題

問 **7.1**　7.2 節を参考に，集合 $\{0, 1, 2\}$ 上の分布 P を次の条件を満たすように変更せよ．
条件：$P(0) = 1/5, P(1) = 2/5, P(2) = 2/5$

問 **7.2**　問 7.1 で変更した分布のもとで，7.2 節を参考に，期待値 $E[X + 1]$ について形式化せよ．

問 **7.3**　問 7.1 で変更した分布のもとで，7.2 節を参考に，分散 $V(X + 1)$ について形式化せよ．

問 **7.4**　二元エントロピー関数 $h()$ に関して $h(0) = 0$, $h(1/2) = 1$ を形式化せよ．

あとがき

　本書では，数学の形式化のためのライブラリ SSReflect/MathComp（Mathematical Components）を紹介しました．MathComp 専用タクティクを用いて，様々な数学の定理を形式化しました．タクティクによる形式化は，非常に高度な技術を要し，難しい作業に見えるかもしれませんが，慣れていくと実は楽しく，中毒性があります．タクティクの使い方を上達させるためには，プロが書いた形式証明を読むことを勧めます．たとえば，MathComp の自然数に関する定理（ssrnat.v というファイル）はそれぞれほとんど一行でできているので，それを自分で再現するだけで，定理証明支援系のゲーム感覚をさらに感じると思います．実際の形式化に取り組む前には，MathComp あるいは Coq の完全な理解は必要ではありません．選んだトピックに集中して，繰り返し形式化を行っていいです．下記リンクには，これまでの MathComp

を用いた論文がまとめてあり，参考になります：

https://github.com/math-comp/math-comp/wiki/Publications

ただし，形式化を行う際，自分の進歩はスクリプトの行数で測るものではなく，定義や定理の品質で測るべきものです．他人が自分の形式化を使えますか？ この形式定義は十分な一般性をもちますか？ 最高の形式化を目指すために，何回も同じ定理を形式化することは珍しくありません．通常のプログラミングと違って，定理証明支援系は開発の健全性をしっかり保つので，プログラムが壊れるのを恐れずにどんどん最適化できます．定理証明支援系は，確立された数学の研究を見直すチャンスを与えるものであり，数学の世界を超え，コンピュータサイエンス全体と産業界にまで広がりをもつ，とても有望な研究課題です．

アフェルト・レナルド

形式化入門お疲れ様でした．初めて形式化に触れた読者には新しいことばかりで，大変だったのではないでしょうか．

第1章で述べていますが，形式化の魅力は定理の証明だけではありません．すでにソフトウェア開発に用いられていますし，科学分野の創出につながる可能性もあります．最近，海外の研究機関等の求人に，Proof Engineer という職種が書かれていて驚いたことがあります．これからそのような仕事が増えていくかもしれません．

本書の執筆は，アフェルト・レナルド氏と共同で行いました．彼は形式化の専門家です．一方，私は離散数学・符号理論・情報理論という，計算機科学とは関連の少ない数学理論を専門としています．あるとき，彼から，形式化という研究手法があるが良いネタはないか，と相談され情報理論を紹介しました．それが私と形式化の出会いでした．その成果が本書の最終章で紹介したライブラリ Infotheo 等の情報理論ライブラリ群です．

本書のおおまかな流れを彼が考え，私がディテールを詰めていきました．彼のアイデアは非常に専門的で，全体の構成として見事なものでした．そのアイデアをもとに，専門外の私自身が理解しやすいように行間を埋めることで，専門家も初学者も読み進められる一冊にできたと感じています．

Coq/SSReflect/MathComp や形式化をもっと学ぶには，SSReflect の作者らによ

るチュートリアルやSSReflect/MathCompのライブラリを読むとよいでしょう．やや古いバージョンのSSReflect用チュートリアルは https://hal.inria.fr/inria-00407778/file/RT-367.pdf からダウンロードできます．より専門的に学ぶには，国内外で開催されている研究集会に参加するのもよいと思います．国内ではTPP (Theorem Proving and Provers) [J1] という研究集会があります．

　本書のイラストは，イラストレータの小沢聖さんが担当してくださいました．小沢氏は私の飲み友達で，上野のアメ横のウェルモパンダをデザインされた方です．本書の脱稿時はシャンシャン公開と重なり，テレビ等でウェルモパンダを観る機会が度々ありました．

　ところで，第3章のイラストで描かれた動物がタクティクを表していることに気づきましたか．概念を動物で表すというコンセプトは，Coqが雄鶏を表すことにインスパイアされました．タクティクcaseのもつスパっと場合分けするイメージを，カマをもつ動物カマキリで表すことにしました．タクティクelimが象なのは，elimが帰納法に対応することに由来しています．帰納法 →（英語で）インダクション →Induction→Ind→インド → インド象というダジャレです．こんなダジャレを許可してくださった，担当編集者の丸山氏は寛大な方だと思います．丸山氏は，私の筆がとんでもなく遅いのに不満一つもらさず耐えてくださいました．すみませんでした．そしてありがとうございます．

　執筆中に支えてくれた家族のあかり，まりな，亜紀子にも感謝しています．

萩原学

索 引

■命令・関数など

- 58
.+1   44
.+2   45
.+3   45
'H   204
Abort   113
About   104
addn   43
addn1   44
addnC   45
Admitted   114
and   57, 76
apply/   89
apply: 36, 73
apply:=>   73
apply=>   73
Axiom   116
by   32
Canonical   120
case   58
case: 60
case =>   59
case/   90
case=> [|]   78
Check   37, 103
CoInductive   201
Compute   102
coqc   204
Corollary   101
Defined   101
Definition   100
do   201
elim   79
End   32, 64
eq   43
exists   77, 123
Fact   101
field   201
Fixpoint   47, 101
Goal   56

H2   204
have   98
Hypothesis   29, 115
if   47
implicit   46
Inductive   42, 117
left   123
Lemma   101
Locate   110
Ltac   201
match with   43
move=> //   48
move/   87
move: 31, 70
move: =>   71
move=>   36, 69
move/   55
Nat.add   43
O   42
or   76
Print   42, 105
Proof   31, 101
Proposition   101
Qed   32, 101
R   200
Record   118
Remark   101
Require Import   28, 205
rewrite   44, 82
rewrite /=   83
rewrite (_ : _ = _)   49
rewrite /   54
right   123
S   42
Search   105
Section   28
Shift + Ctrl + C   44
Shift + Ctrl + P   41
split   123
suff   98
sum   47

Theorem   30, 101
Variable   114
wlog: 99

■ライブラリ

bigop   150
eqtype   131
fingroup   184, 192
finset   169
fintype   146, 166
Infotheo   196
Reals   200
seq   138
ssrbool   76, 126
ssrfun   46
ssrnat   41, 134

■型

bool   75, 92
eqType   131
False   77
list   124
nat   41, 77
Prop   29, 92, 117
seq   138
Set   117, 174
True   77
Type   117

■その他の英数字

.vo   204
1行読み込みボタン   27
1行リセットボタン   27
AUTOMATH   10
Calculus of Constructions   14
Calculus of Inductive Constructions   14
CompCert   23
Coq   2
Coq/SSReflect/MathComp   2

索引

CoqIDE　23
Coq システム　23
Display Notations　42
emacs　23
Gallina　14
itEXT4CapOfChans　203
MathComp　4
modus ponens　10
Open Scope　184
SSReflect　2
subgoal　30
System F　14

■あ
アンダーバー　106

依存積　10
依存和　10
インデント　58

オール読み込みボタン　34
オールリセットボタン　34

■か
解釈補題　56, 87
確率分布　197
カーソル位置読み込みボタン　35
型　7
型規則　12
型族　9
型理論　7
仮定のスタック　26
カリー−ハワード同型対応　10
含意　8
関数適用　10

奇数位数定理　4, 22
期待値　197
帰納的型　14, 42, 74, 117
基本の補題　87

クエリー　68

形式化　2, 3, 23
ケプラー予想　5

検証　2
言明　2

コアーション　94
構成子　117
コマンド　68
ゴールエリア　17
ゴールライン　26, 30
コンテキスト　26, 30
コンテナ　184

■さ
サクセサー　42, 135
サブゴール　26, 30

識別子　57
実数集合　200
シャノン　202
集合　8, 158
出現制限　86
情報エントロピー　202
情報理論　202
証明言語　2
証明図　10, 33

推論　38
数学基礎論　7
スクリプト　27
スクリプトエリア　17
スコープ　112
スタック　26

束縛変数　69
ソート　117

■た
タクティカル　68
タクティク　21, 31, 68
ターミネータ　31

中置記法　128

定理　2
定理証明支援器　2, 7
定理証明支援系　2, 23

ド・モルガンの法則　61

■な・は
二元エントロピー関数　202

排中律　63
パイプ　42

ビッグマスデータ　6
ビュー　87
ビューヒント　90
標準ライブラリ　20

ファイト−トンプソンの定理　4
フィールド　119
プッシュ　70
ブラウワー−ハイティング−コルモゴロフ意味論　11
ブール述語　126
プレースホルダー　106
分散　197
分布　197, 200

ポアンカレ原理　97
補題　2
ポップ　36, 73
ホモトピー型理論　4

■ま・や・ら
マグマ　118

命題　2

モーダスポネンス　10

四色定理　4, 6

ライブラリ　19
ラグランジュの定理　182
ラムダ・キューブ　14
ラムダ計算　11

リフレクション　92
リフレクション補題　87, 92

レスポンスエリア　17

論理積　8
論理和　8

著者略歴

萩原　学（はぎわら・まなぶ）

1974 年，栃木県足利市生まれ．栃木県立足利高校，千葉大学理学部数学科を経て，2002 年，東京大学大学院数理科学研究科博士課程修了．博士（数理科学）．東京大学生産技術研究所（2002 年～）を経て，独立行政法人産業技術総合研究所（2005 年～）の在職時に，中央大学研究開発機構にて機構准教授（2008/4～2012/3），ハワイ大学にて Research Scholar（2011/3～2012/2）などを兼任．2013 年より千葉大学准教授．現在に至る．専門は符号理論とそれにかかわる離散数学，組合せ論など．趣味は映画・ドラマの鑑賞，旅行，新しい技術を体験することなど．著書に『符号理論』，『進化する符号理論』（いずれも日本評論社）．

アフェルト・レナルド（Reynald Affeldt）

1976 年，パ＝ド＝カレー県ランス市（フランス）生まれ．2000 年，ナンシー国立高等鉱業学校 Ingénieur Civil des Mines 課程修了．2004 年，東京大学大学院情報理工学系研究科博士課程修了．博士（情報理工）．東京大学大学院情報理工学系研究科研究員を経て，2005 年より国立研究開発法人産業技術総合研究所，主任研究員．

イラスト	小沢　聖
編集担当	丸山隆一（森北出版）
編集責任	上村紗帆（森北出版）
組　版	藤原印刷
印　刷	同
製　本	同

Coq/SSReflect/MathComp による定理証明
フリーソフトではじめる数学の形式化
　　　　　　　　　　　　　　　　ⓒ萩原学／アフェルト・レナルド　2018

2018 年 4 月 13 日　第 1 版第 1 刷発行　　【本書の無断転載を禁ず】
2018 年 4 月 25 日　第 1 版第 2 刷発行

著　者	萩原学／アフェルト・レナルド
発行者	森北博巳
発行所	森北出版株式会社

東京都千代田区富士見 1-4-11（〒102-0071）
電話 03-3265-8341 ／ FAX 03-3264-8709
http://www.morikita.co.jp/
日本書籍出版協会・自然科学書協会　会員
JCOPY ＜（社）出版者著作権管理機構　委託出版物＞

落丁・乱丁本はお取替えいたします．

Printed in Japan ／ ISBN978-4-627-06241-2

MEMO

MEMO

MEMO

MEMO

MEMO

MEMO